乡村振兴战略·浙江省农民教育

猪瘟 非洲猪瘟

浙江省农业农村厅 编

ZHEJIANG UNIVERSITY PRESS
浙江大学出版社
·杭州·

图书在版编目(CIP)数据

猪瘟 非洲猪瘟/浙江省农业农村厅编．—杭州：浙江大学出版社，2023.4

(乡村振兴战略·浙江省农民教育培训丛书)

ISBN 978-7-308-21946-4

Ⅰ．①猪… Ⅱ．①浙… Ⅲ．①猪瘟-防治②非洲猪瘟病毒-防治 Ⅳ．①S858.28②S852.65

中国国家版本馆 CIP 数据核字 (2023) 第 048802 号

猪瘟 非洲猪瘟

浙江省农业农村厅 编

丛书统筹	杭州科达书社
出版策划	陈 宇 冯智慧
责任编辑	陈 宇
责任校对	赵 伟 张凌静
封面设计	三版文化
出版发行	浙江大学出版社
	(杭州市天目山路148号 邮政编码 310007)
	(网址：http://www.zjupress.com)
制作排版	三版文化
印 刷	杭州艺华印刷有限公司
开 本	710mm×1000mm 1/16
印 张	10.75
字 数	210千
版 印 次	2023年4月第1版 2023年4月第1次印刷
书 号	ISBN 978-7-308-21946-4
定 价	70.00元

乡村振兴战略·浙江省农民教育培训丛书

编辑委员会

主　任　唐冬寿

副主任　陈百生　王仲淼

编　委　田　丹　林宝义　徐晓林　黄立诚　孙奎法

　　　　张友松　应伟杰　陆剑飞　虞轶俊　郑永利

　　　　李志慧　丁雪燕　宋美娥　梁大刚　柏　栋

　　　　赵佩欧　周海明　周　婷　马国江　赵剑波

　　　　罗鸢峰　徐　波　陈勇海　鲍　艳

本书编写人员

主　编　章红兵　宋美娥

副主编　陈　洁　罗　雨　麻延峰　章　瑞　彭志辉

编　撰　（按姓氏笔画排序）

　　　　吕　方　孙冰冰　李　彤　宋美娥　陈　洁

　　　　罗　雨　麻延峰　章　瑞　章红兵　彭志辉

丛书序

乡村振兴，人才是关键。习近平总书记指出，"让愿意留在乡村、建设家乡的人留得安心，让愿意上山下乡、回报乡村的人更有信心，激励各类人才在农村广阔天地大施所能、大展才华、大显身手，打造一支强大的乡村振兴人才队伍"。2021年，中共中央办公厅、国务院办公厅印发了《关于加快推进乡村人才振兴的意见》，从顶层设计出发，为乡村振兴的专业化人才队伍建设做出了战略部署。

一直以来，浙江始终坚持和加强党对乡村人才工作的全面领导，把乡村人力资源开发放在突出位置，聚焦"引、育、用、留、管"等关键环节，启动实施"两进两回"行动、十万农创客培育工程，持续深化千万农民素质提升工程，培育了一大批爱农业、懂技术、善经营的高素质农民和扎根农村创业创新的"乡村农匠""农创客"，乡村人才队伍结构不断优化、素质不断提升，有力推动了浙江省"三农"工作，使其持续走在前列。

当前，"三农"工作重心已全面转向乡村振兴。打造乡村振兴示范省，促进农民、农村共同富裕，浙江省比以往任何时候都更加渴求

人才，更加亟须提升农民素质。为适应乡村振兴人才需要，扎实做好农民教育培训工作，浙江省委农村工作领导小组办公室、省农业农村厅、省乡村振兴局组织省内行业专家和权威人士，围绕种植业、畜牧业、海洋渔业、农产品质量安全、农业机械装备、农产品直播、农家小吃等方面，编纂了"乡村振兴战略·浙江省农民教育培训丛书"。

此套丛书既围绕全省农业主导产业，包括政策体系、发展现状、市场前景、栽培技术、优良品种等内容，又紧扣农业农村发展新热点、新趋势，包括电商村播、农家特色小吃、生态农业沼液科学使用等内容，覆盖广泛、图文并茂、通俗易懂。相信丛书的出版，不仅可以丰富和充实浙江农民教育培训教学资源库，全面提升全省农民教育培训效率和质量，更能为农民群众适应现代化需要而练就真本领、硬功夫赋能和增光添彩。

中共浙江省委农村工作领导小组办公室主任

浙江省农业农村厅厅长

浙江省乡村振兴局局长　王通林

2023 年 3 月

前　言

　　为了进一步提高广大农民的自我发展能力和科技文化综合素质，造就一批爱农业、懂技术、善经营的高素质农民，我们根据浙江省农业生产和农村发展需要及农村季节特点，组织省内行业首席专家和权威人士编写了"乡村振兴战略·浙江省农民教育培训丛书"。

　　猪瘟与非洲猪瘟在自然条件下均只有猪会感染，不同年龄、性别、品种的猪都易感染，一年四季可发生，对人类没有直接危害。猪瘟与非洲猪瘟的临床症状、病理变化极其相似，故会干扰彼此的诊断。猪瘟与非洲猪瘟会对生猪生产造成极大的危害，对养猪业及社会经济发展带来较大的影响与挑战。世界动物卫生组织（OIE）将这两种病均列为法定报告动物疫病，我国将这两种病列为一类动物疫病。猪瘟与非洲猪瘟防控工作具有复杂性、长期性和艰巨性，国家需要加强科普知识宣传，科学引导社会舆论，加大疫苗研发力度；猪场应提升防范意识和生物安全措施，强化规范化、标准化、智能化、科学化管理，减少猪瘟与非洲猪瘟的发生率及造成的损失，保障生猪生产安全和稳定。

　　《猪瘟　非洲猪瘟》是"乡村振兴战略·浙江省农民教育培训丛书"中的一个分册，全书分两篇，第一篇是猪瘟，第二篇是非洲猪瘟。分别分四章介绍，第一章是概况，主要介绍基本特点、现状与危害；第二章是传染与传播，分传染源、传播途径和易感动物进行介绍；第三章是免疫与疫苗，主要介绍免疫诊断和疫苗；第四章是预防与控制，主要介绍疫情监测和防控技术。

　　本书内容广泛、技术先进、文字简练、图文并茂、通俗易懂、编排新颖，可供广大农业、企业养殖基地管理人员、农民专业合作社社员、家庭农场成员和农村养殖大户阅读，也可作为农业生产技术人员和农业推广管理人员的技术辅导参考用书，还可作为高职高专院校、农林牧渔类成人教育等的参考用书。

目 录

第一篇 猪 瘟

第二篇　非洲猪瘟

第一篇

猪　瘟

GAIKUANG

第一章　概　况

　　猪瘟（CSF）因其高度的致病性和致死性，给世界养猪业造成了巨大的经济损失，是对养猪业危害较大的重要传染病之一。通过严格的净化措施，截至2019年5月，全球有36个国家根除了猪瘟。我国通过执行猪瘟疫苗接种政策，目前疫情已得到较好的控制，大规模猪瘟较少发生，但部分地区猪瘟仍呈点状扩散或地方性流行态势，非典型和繁殖障碍型猪瘟增多，成年猪带毒现象严重。尤其是一些中小型养殖场，仍然存在病毒污染，控制和净化工作面临不少困难和挑战。为最终控制和净化猪瘟，我国应持续开展猪瘟流行毒株分子流行病学的调查，加强猪瘟病毒学、分子生物学及其免疫机制等基础性研究，加快研制适应未来需要的新型猪瘟疫苗及检测方法，持续强化生物安全措施，及时调整猪瘟防控策略。

　　猪瘟俗称"烂肠瘟"，也被称为猪霍乱，是由猪瘟病毒引起的一种急性、热性、高接触性传染病。其特征是发病急、高热稽留，小血管壁变性，内脏器官多发性出血、坏死和梗死。该病毒传播快、流行广，发病率和死亡率均高，对养猪业危害大。猪瘟是世界动物卫生组织规定的世界各国必须通报的疫病，我国在2008年将该病列为一类动物疫病。

一、基本特点

（一）病毒特点

　　猪瘟病毒（CSFV）属于黄病毒科的瘟病毒属。病毒粒子呈球形，有囊膜，直径约40nm，内有二十面体的核衣壳，病毒基因组为单股正链RNA。猪瘟病毒适于猪肾细胞培养，病毒复制部位限于细胞质。猪瘟病毒在绝大多数细胞培养物上培养时，几乎不产生细胞病变效应（CPE）。

　　猪瘟病毒对外界理化因素的抵抗力较强。病毒在37℃的环境中可存活10天，室温下能存活2~5个月，在盐腌的肉中能存活约1个月，在冻肉中能存活长达6个月，冻干后在4~6℃的条件下可存活1年，在−70℃下可存活数年且毒价不变，在骨髓中可存活2个月，即使在腐败的情况下，其仍能保持毒力达15天之久，血液中的病毒在56℃的环境中需经60分钟、在60℃的环境中需经10分钟才能被灭活。

　　化学物质，如氢氧化钠、漂白粉、来苏尔（甲酚皂溶液）等溶液可以很快使病毒灭活。2%克辽林、2%火碱、1%次氯酸钠在室温下，30分钟就能杀死100倍稀释血液中的病毒；2%克辽林、3%火碱可以杀死粪便中的病毒；5%的苯酚不能杀死病毒，但可用于防腐。在病料（组织或血液）中加含有3%~5%苯酚的50%甘油生理盐水，病毒在室温下可保存数周，可用于送检病料的防腐。病毒对乙醚、氯仿、脱氧胆酸盐敏感，会迅速灭活。病毒在 pH 值为 5~10 条件下稳定，过酸或过碱均能使病毒灭活，使其丧失感染能力。

目前，人们仍然认为猪瘟病毒只有一种血清型。病毒之间只有毒力的高低，没有血清型的区别。

（二）猪瘟特点

猪瘟临床表现与非洲猪瘟（ASF）相似。急性猪瘟呈现出与急性 ASF 几乎相同的临床症状和死后病变，并且死亡率高。临床症状包括高烧、食欲缺乏、嗜睡、出血（在皮肤、肾脏、扁桃体和胆囊）、结膜炎、呼吸困难、虚弱、蜷缩，并在 2~10 天死亡。实验室检测是区分两种疫病的唯一方法。在确诊之前尝试紧急免疫猪瘟疫苗是不明智的，因为在紧急接种疫苗过程中，ASF 很容易通过生物安全措施落实不到位的人员传播。

在自然条件下，猪瘟病毒的感染途径是口鼻腔，或通过结膜、生殖道黏膜、皮肤擦伤进入。感染后，病毒攻击的重要靶器官是扁桃体，并在其中增殖。然后经淋巴管进入淋巴结继续增殖，随即到达外周血液。从这时起，病毒在脾脏、骨髓、内脏淋巴结和小肠的淋巴组织中繁殖到高滴度，导致高水平的病毒血症。

机体感染后 7~16 小时即可在扁桃体内发现病毒；感染后 16~18 小时，血液中的病毒浓度达到致病程度；感染后 15~24 小时，病毒出现在淋巴系统和血管壁；感染后 48 小时，病毒出现在肝脏、肾脏、脾脏等多个实质性器官中；感染后 7~8 天，病毒血症达到最高峰，此时白细胞和血清丙种球蛋白减少。病毒进入血液后，主要在网状内皮系统和淋巴系统增殖，导致各器官和组织发生充血、出血（以细小点状为特征）、坏死和梗死，引起败血症，体温升高。急性病例往往因发生循环障碍和休克而死亡。

近年来，发现用正常胰悬液和糜蛋白酶注射健康猪会出现一种与猪瘟相同的症状，如循环系统紊乱、淋巴髓样细胞增生和坏死等。因此认为，猪瘟病毒的致病性是因为病毒能引起宿主酶系统的紊乱，扰乱糜蛋白酶的形成和释放所致。

（三）流行特点

猪，包括家猪和野猪是猪瘟病毒的唯一易感动物，同时也是病毒的传播宿主，各年龄段均可感染。偶尔可感染牛，但不表现任何临床症状。其他动物均不感染。可以一过性在牛、山羊、绵羊、兔、鼠体内增殖，但不发病。被接种的动物产生中和抗体。一般认为优良纯种、改良种和仔猪易感性较强。

该病一年四季均可发生，无明显的季节性和地域流行性，然而受气候等自然条件影响，春、秋两季的发病较为严重。只要有易感猪群存在，病毒一传入就可以引起暴发流行。不同年龄、不同性别、不同品种的猪均可感染。发病初期常常是急性暴发，最初是一头或几头猪发病，呈最急性经过，突然死亡。随后病猪不断增加，1~3周到达流行高潮，多数病猪呈急性经过和死亡，随后病情转低潮，病猪多呈亚急性或慢性，病情后期多继发沙门氏菌和巴氏杆菌感染，加剧猪瘟病情；若无继发感染，则经约1个月后死亡或恢复，病毒流行结束。

近年来，由于认真贯彻诊断检疫和疫苗普遍接种措施，猪群已有了一定的免疫力，猪瘟大规模暴发流行的情况已不多见。从世界各地以及我国国内发生的猪瘟疫情来看，症状及病理变化典型的猪瘟已不多见，尽管出现了一些非典型猪瘟，也以散发型流行为主。发病特点为临床症状轻或不明显，死亡率低，病理变化不明显，必须依靠实验室诊断才能确诊。因此，在猪瘟的流行病学方面出现了一些新的特征，需要引起我们的重视。一是猪源细胞苗及自然弱毒株可能成为猪瘟的传播因素；二是怀孕母猪感染后带毒不仅影响胎儿，而且可传播疾病；三是带毒母猪所生的仔猪发生持续性感染时，有可能成为猪瘟病毒新的储存宿主，长期带毒和排毒；四是出现了越来越多的慢性感染性病例，已成为不可忽视的猪瘟流行病学问题。

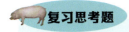复习思考题

　　1.猪瘟病毒有哪些特点？

　　2.猪瘟有哪些特点？

　　3.猪瘟有哪些流行特点？

二、现状与危害

（一）目前国内的流行情况、流行特点、流行趋势

　　猪瘟目前在我国的流行情况具有以下特点。一是流行范围广。全国范围内均有猪瘟流行，绝大部分省份搜集的临床病料中都检测出了猪瘟病毒。猪瘟在我国广泛流行的重要原因就是活猪和猪肉产品的交易与流动，以及运输检疫和市场检疫措施未得到有效落实。二是散发流行。由于采取大规模的免疫接种，各地的猪群均得到了一定的保护，所以猪瘟目前在我国没有出现大规模流行，而是呈散发的流行态势，流行规模较小、强度较轻，没有季节性的变化。我国的猪场是否流行猪瘟主要取决于该猪场的生物安全措施、猪群的免疫状态及饲养管理水平。虽然猪瘟在我国主要呈散发的流行态势，但散发流行在大部分的省级行政区域都有发生，加上我国庞大的生猪饲养量，所以猪瘟造成的经济损失仍十分严重。三是发病年龄小。我国的猪瘟多见于三月龄以下的猪，特别是断奶前后或出生10日以内的仔猪，成年猪则较少发病。四是病情复杂。非典型猪瘟已成为我国猪瘟的主要临床病型。猪瘟的发病率与死亡率显著降低，病程明显延长，而死亡率高、病程短的猪瘟相对较少。种猪的持续性感染和初生仔猪的先天性感染比较普遍，这类感染猪往往外表健康，所以是引起猪瘟流行最危险的传染源，应受到高度重视。五是免疫力低下。虽然我国各级政府和各地的养猪业主十分重视猪瘟的免疫预防，但是缺乏日常的抗体监测，疫苗的免疫效果很少被评价，免疫猪群免疫力低下的情况普遍存

在。免疫猪时有发病，出现所谓的"免疫失败"现象。

"免疫失败"的原因主要有两种。一是免疫剂量不足。我国1头份的兔化弱毒疫苗中的病毒含量较低，免疫剂量不足所产生的低水平抗体不能有效清除病毒感染，从而有可能使感染转入持续或潜伏状态。目前许多养猪业主已将免疫剂量提高至2~4头份，甚至更高，起到了明显效果。二是持续感染和先天感染。这两种感染形式均可以导致免疫耐受，是引起免疫力低下最重要的原因。妊娠母猪感染的低毒力毒株可能发生持续感染，病毒可通过胎盘感染胎儿，从而使母猪出现流产、死胎、木乃伊胎等繁殖障碍现象，出现所谓的"带毒母猪综合征"。如果产下的仔猪存活，它们将成为外表健康的先天感染仔猪，这是最危险的感染源，因为这些仔猪可以排毒4~6个月，甚至终身排毒而不表现症状，对于疫苗的注射也不产生免疫应答。

（二）国外流行现状

总体上看，猪瘟呈全球分布，流行于大部分的亚洲、中美洲、南美洲和东欧国家，部分发生于加勒比地区和非洲国家，偶尔散发到一部分的中欧和西欧国家。猪瘟在部分欧洲国家的野猪群中呈地方流行性，是引起家猪疫情的主要传播来源。而美国、加拿大、新西兰、澳大利亚及大部分的西欧国家已经消灭了猪瘟。在亚洲，西亚、中东地区和东南亚的新加坡几乎没有养猪业，因此不存在猪瘟流行。亚洲的养猪业主要集中在东亚和东南亚，该地区的养猪量超过世界总量的68%，猪瘟周期性流行于所有的东亚及东南亚国家。其中，中国、印度尼西亚、越南和菲律宾是猪瘟流行最为严重的四个国家。各国在防控上均采用疫苗免疫，有些国家还采取扑杀措施，但猪瘟仍在这些地方流行。日本在1969年成功研制出弱毒疫苗GPE并在全国推广应用，很好地控制了猪瘟。1992年后，日本没有再报道过猪瘟疫情；但到了时隔26年的2018年，日本岐阜市内一座养猪场发生了猪瘟疫情；2020年来，日本的群马、奈良又多次报道发生了猪瘟疫情。

（三）危害

猪瘟只有猪会感染，人和其他动物不会感染，所以猪瘟的危害主要体现在经济方面。无免疫力的猪群一旦感染猪瘟病毒，通常会引起大规模急性暴发，发病率和死亡率均超过80%。这种急性发病可短时间内毁灭整个猪群或猪场，直接经济损失十分严重。

慢性猪瘟或亚临床感染的猪瘟，同样也严重影响猪群的健康，从而导致重大的经济损失，如母猪的持续性感染可以引起繁殖障碍，大大增加猪的繁殖成本。猪瘟的感染也严重影响了仔猪的生长发育。大量感染仔猪因为生长迟缓而成为僵猪，这些感染猪在后期的死亡率较高，最终也会导致重大的经济损失。据推算，在我国因猪瘟导致的直接经济损失每年可能超过20亿元。除了疾病引起的直接经济损失以外，间接的经济损失更难以统计，尤其是对贸易的影响巨大。近几年来，全球的活猪及猪产品的贸易快速增长，而猪瘟是影响这一国际贸易的主要障碍。我国是世界头号养猪大国，猪的饲养量超过全球一半，但中国的生猪及其产品几乎没有出口，在国际市场份额只有约1%，其主要原因就是猪瘟的流行，绝大部分国家禁止从中国进口活猪及相关猪产品。

世界上许多国家和地区已先后宣布消灭了猪瘟。我国自1956年成功研制猪瘟兔化弱毒疫苗后，控制了猪瘟在我国的大面积流行。然而，由于毒力减弱的猪瘟病毒毒株及抗原变异的野毒株不断出现，慢性病猪、亚临床感染猪和免疫耐受的持续感染猪普遍存在，我国消灭猪瘟的任务十分艰巨。根据国外的相关经验，消灭猪瘟可大致分为三个阶段。第一，准备立法阶段，即初级阶段，通过强化疫苗接种、封锁隔离和限制猪只流动，大大减少猪瘟发病数。第二，停止使用疫苗阶段，通过检疫将感染猪群全群扑杀，以达到消灭感染。第三，防止猪瘟病毒再传入和保持无猪瘟阶段，此过程中，准确、快速的实验室诊断是执行消灭猪瘟规划的先决条件之一。

（四）发病症状

猪瘟的自然感染潜伏期为 5~7 天，短的 2 天，长的 21 天。《国际动物卫生法典》指出，古典猪瘟的潜伏期为 40 天。人工感染强毒株的猪，一般在 36~48 小时体温升高。根据病程的长短、临床表现特征，临床上将猪瘟分为最急性、急性、亚急性和慢性四种类型。

1. 最急性型

该型病猪在临床上有两种表现。一是在未看到任何症状的情况下突然死亡，经剖检或实验室检查才能确定其为猪瘟。二是突然发病，体温升高至 41℃ 以上，稽留不退；食欲减退、口渴、精神委顿、嗜睡、乏力；腹下和四肢皮肤发绀和有斑点状出血，很快因心力衰竭、气喘和抽搐而死亡，病程 1~2 天。此型多在猪瘟流行初期于较为易感的猪群中发生。

2. 急性型

该型病猪初期体温可升高至 40.5~42℃，一般在 41℃ 左右，发病后 4~6 天体温达到高峰，稽留 7~10 天。体温上升的同时白细胞数减少，约为 9×10^6 个 / 升，甚至低至 3×10^6 个 / 升，中性粒细胞出现明显的核左移现象。血小板由正常的 2×10^5~5×10^5 个 / 毫米^3 减少到 5×10^4~1×10^5 个 / 毫米^3，有时甚至会查不到血小板。病猪明显减食或停食，但仍有食欲，喂食时能走向食槽，口渴饮水或稍食后即回窝卧下。精神高度沉郁，常挤卧在一起或钻入垫草下（见图 1.1）。全身震颤，站立和行走时腰背拱起，四肢软弱无力，步态不稳。眼结膜发炎，常有黏性、脓性分泌物流出，有时可将眼睑黏着，眼结膜潮红，后期苍白，常有出血斑点（见图 1.2）。鼻腔常流出脓性黏液性鼻液。口腔黏膜不洁、苍白或发绀，常出现假膜，继之形成溃疡，导致咽炎，以致吞咽和呼吸困难。

病猪呈现出血性素质，在唇内侧、齿龈、口角、会厌、喉头和阴部等处可见黏膜面上有细小点状出血。耳朵、腹下、股内外侧、腋下和四肢（特别是两后肢）的皮肤，常出现大小不等的充血斑块和出血点，有时可融合成较大的斑块（见图 1.3、图 1.4）。

图1.1　小猪发热、打堆、钻墙角、
　　　　耳朵发红

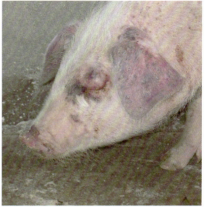
图1.2　眼结膜发炎、水肿，双耳发绀

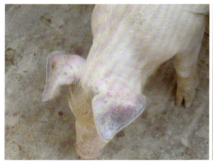
图1.3　耳朵末梢发紫

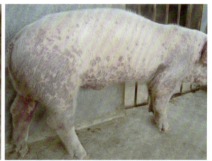
图1.4　全身皮肤广泛性斑点状出
　　　　血、斑点融合

　　病猪在高热期会出现便秘，排出球状并带有黏液脓血或夹杂假膜碎片的粪块（见图1.5）。后期腹泻会排出带有特殊恶臭的稀便，俗称"烂肠瘟"（见图1.6）。

　　急性型病猪也常出现神经症状，这是病毒侵害中枢神经所致。表现为磨牙、局部麻痹和运动失调，昏睡或惊厥，过度刺激时会突发异常怪叫声，肌肉僵直，倒地，眼球上翻，四肢不停划动，几分钟后恢复，有的猪会反复发生，多以死亡转归。急性型病程在1~2周，病死率超过70%。耐过的病猪转为亚急性型或慢性型。

　　病初患猪血磷显著增加和血钙减少，磷钙失衡是急性型猪瘟的特征之一。

图1.5　便秘，粪干硬如球　　　　　图1.6　后期腹泻（烂肠瘟）

3. 亚急性型

该型病猪症状与急性型病猪相似，但病情较急性型缓和，体温呈不规则交替上升。病程较长的病例，在体侧、腹下、四肢、会阴及耳廓等处的皮肤上常发生小点状出血（见图1.7）。

口腔黏膜发炎，扁桃体肿胀并有溃疡，舌、唇、齿龈有时可见到出血。公猪阴茎包囊积尿。病猪逐渐消瘦、衰弱、步态不稳，后期乏力，站立困难。常并发肺炎和纤维性坏死性肠炎。亚急性猪瘟病猪的白

图1.7　体表皮肤大量出血点

细胞减少症出现较迟。病猪多转归死亡，病程在2~4周，病死率超过60%。未死亡猪转为慢性型。

4. 慢性型

这型病猪多发生于猪瘟流行地区，由低毒力株猪瘟病毒引起。主要临床表现为消瘦，贫血，被毛干枯，全身性衰弱。有时微热，食欲缺乏，便秘与腹泻交替出现。有的病猪体表出现紫斑或坏死痂皮

（见图1.8），常见脱毛。病程常拖延1个月以上，病死率低，但很难康复。

未死的病猪长期发育不良，常成为僵猪。慢性猪瘟病程的第一阶段类似于急性猪瘟，但病毒散播较慢，并且血清和组织中病

图1.8　双耳、尾部、嘴唇皮肤发绀

毒滴度较低；在临床症状改善期，血清病毒含量低，病毒在扁桃体、唾液腺、回肠和肾脏分布较多；在恶化期，猪瘟病毒又扩散到全身，致衰竭而死亡。

怀孕母猪在感染猪瘟病毒后，常不出现症状，但长期带毒，并能通过胎盘传染给胎儿，引起死胎、木乃伊胎、死产、早产或产出弱小、震颤的仔猪（见图1.9），有的仔猪腹泻，有的仔猪几天后死亡，有的仔猪患长期病毒血症，最终转归死亡。

近年来，我国一些地区常见一种散发的"温和型猪瘟"。该型症状较轻，且不典型，无热或仅出现微热，体温一般不超过41℃。很少见到典型猪瘟病猪皮肤和黏膜出血点、眼有脓性分泌物、公猪

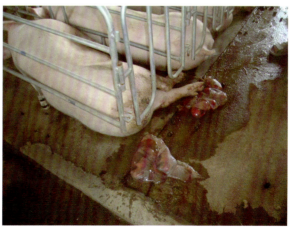

图1.9　母猪流产死胎

阴茎包囊积尿等症状。有的病猪耳、尾和四肢末端皮肤坏死，发育停滞。到后期则站立困难、步态不稳，后肢瘫痪，部分病猪跗关节肿大。这类病猪分离到的病毒毒力较弱，但经接种易感猪连续传几代后，毒力恢复。经酶标记抗体、荧光抗体、交互免疫、中和保护等试验和病原特性鉴定，确认温和型猪瘟病毒与石门系猪瘟强毒为同一血清型。

国内许多猪场还出现一种"迟发性猪瘟"，这是猪瘟病毒先天性感染猪的后遗症。这种猪瘟的特征是，感染猪在出生后相当长的时期内不出现症状，数月后，感染猪出现轻度厌食，不活泼，结膜炎，皮肤病，腹泻，后躯麻痹，运动障碍，体温正常。此类病猪可存活半年左右，感染猪呈长期高水平的病毒血症，不产生抗猪瘟病毒的抗体应答，即出现免疫耐受。病毒主要存在于扁桃体和局部淋巴结，但猪瘟病毒能经血流而扩散。持续感染的怀孕母猪可经胎盘传染，猪瘟病毒穿越胎盘屏障感染胎儿（垂直感染），然后从一个胎儿向另一个胎儿传播，出现群发性流产、死产、胎儿木乃伊化、畸形和生出震颤的弱仔猪、外观健康实际已感染的仔猪。流产胎儿最明显的病理变化为全身皮下水肿，胸腔和腹腔积水，头、肢畸形，小脑和肺发育不全等。胎儿的发育日龄和感染的猪瘟病毒毒力很大程度上决定着先天感染的结果，一般在母猪怀孕期间，猪瘟病毒感染发生得越早，胎儿被感染的概率越高，怀孕母猪发生繁殖障碍的危险也越大。突出变化是胸腺萎缩和外周淋巴器官严重缺乏淋巴细胞与生发滤泡。

（五）病理变化

1. 病理解剖学变化

猪瘟的病理变化因感染病毒的毒型、毒力的强弱和机体对病毒抵抗力的大小而有所不同。剖检所见以泛发性出血性素质、梗死为主。病毒侵入机体后会大量增殖，使血管内皮受到损害，管壁变薄，通透性增强，凝血系统紊乱，血流凝滞，致使各器官、组织发生小点状出血和淤血斑，以肾脏和淋巴结出血最为常见。

（1）最急性型。由于感染病毒的毒力过强，病猪多突然死亡，常见不到典型病理变化，或在肾脏的包膜下、心脏的外膜下及膀胱黏膜上偶可见 1~2 个细小点状出血。

（2）急性型。出现败血型病理变化，血液凝固不良，呈木焦油样。皮肤、黏膜、浆膜和实质器官可见大小不等的出血变化。一般为细小点状、斑状出血，有的散在、有的密布，以肾脏及淋巴结出血最为常见（见图 1.10）。

①肾脏：实质变性，包膜下有暗紫红色小点状出血，数量不等，多的布满整个肾脏表面，少的仅 2~3 个，不仔细检查容易忽略。沿肾脏纵轴切开，在皮质、髓质切面上，肾乳头及肾盂黏膜面上，均可见到数量不等的针尖乃至粟粒大小的出血点（见图 1.11）。肾上腺呈土棕色，实质出血。

图1.10 肾脏点状出血

②淋巴结：全身淋巴结呈急性淋巴结炎变化。淋巴结肿胀，外观呈深红色乃至紫黑色，切面周边出血或弥漫性出血，髓质呈条纹状的红色带，间有灰白色淋巴组织，中心部有灰白色区，红白相间，呈大理石花纹状外观，由血液聚积在淋巴窦所致（见图 1.12）。多见于下颌、颈部和腹腔淋巴结。淋巴结的变化具有一定的特征性。

图1.11 肾脏髓质肾乳头出血

③脾脏：一般不肿胀，最具有示病意义的病理变化是脾脏边缘出现出血性梗死病灶。病灶大小不一，从粟粒大到黄豆粒大都有，隆出包膜，数量不等，少的 1~2 个，

图1.12 肠系膜淋巴结出血，切面呈大理石样花纹

多的十几个，有的互相融合在一起，形成凹凸不平的带状。切开梗死灶，可见该处呈楔状或结节状。脾脏包膜下有时可见小点状出血。有50%~70%的病例出现梗死变化（见图1.13）。

④心脏：心肌松软，质脆，稍充血。冠状沟、侧纵沟及心尖包膜下脂肪有细小点状出血，左心室内膜点状出血，心包积液（见图1.14）。

⑤肝脏：包膜下和实质中有时有出血变化。胆囊浆膜有出血斑，黏膜有小点状出血，有时可见到溃疡。

⑥胰脏：间质水肿，有出血。

⑦脑：偶可见软脑膜下小点状出血。

⑧膀胱：黏膜点状、针尖状出血（见图1.15）。

⑨皮肤：出血的主要部位在耳尖、颈部腹侧、胸腹下及四肢（特别是两后肢股内侧）。皮肤充血、小点状出血，小点状出血常融合成暗紫红色出血斑（见图1.16）。出血部位常可见到坏死的小痂块。皮下组织、脂肪和肌肉也可见到出血。

⑩消化道：齿龈、颊部及舌尖

图1.13 脾脏边缘点状梗死

图1.14 心脏水肿，心外膜出血，
心包积液

图1.15 膀胱黏膜针尖状出血

图1.16 皮下肌肉斑点状出血

黏膜有出血点或坏死灶。腹膜脂肪有出血点或出血斑。腹水浑浊，混有黄白色纤维。网膜和消化道浆膜有斑块状、刷状、小点状出血（见图1.17）。胃肠黏膜充血、肿胀，附有大量黏液，有小点状出血。回盲瓣附近的淋巴滤泡有出血和坏死变化（见图1.18）。

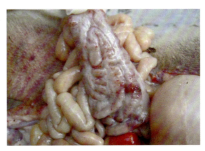

图1.17　结肠袢浆膜出血溃烂

⑪呼吸系统：在鼻腔和会厌软骨黏膜上有不同程度的出血，扁桃体出血、坏死（见图1.19）。胸膜出血，胸腔积水。肺实质有出血斑，间质扩张，充满红色液体。

（3）亚急性型。出血性病理变化较急性型轻，败血性变化病例明显减少。在淋巴结、肾脏、膀胱及心外膜等处可见细小点状出血。口腔黏膜有炎症变化或形成溃疡。扁桃体肿大、溃疡。肺有纤维性和化脓性肺炎变化。胸膜出血，胸腔有纤维素性渗出液。胸下椎骨和肋骨结合处，骺线明显增厚。

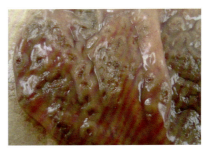

图1.18　盲肠大量纽扣状溃疡、隆起

图1.19　喉头会厌软骨大量斑点状出血

（4）慢性型。出血性变化轻微，几乎见不到急性猪瘟那样的典型变化。所见到的变化往往都由继发感染引起。具有特殊意义的变化是，由于磷、钙代谢紊乱，在肋软骨结合处（距骺线1~4毫米）有一条污黄色紧密、完全或部分的钙化线，该线不消失。亚急性型和慢性型猪瘟继发感染巴氏杆菌或沙门氏菌后，还可引起胸腔器官和消化道病变。伴有胸腔器官病变的习惯上称为"胸型猪瘟"，伴有消化道病变的称为"肠型猪瘟"。

①胸型猪瘟：常见的病理变化为胸膜严重出血，一侧肺发生融合性支气管肺炎或坏死性化脓性肺炎，肺表面隆起，质硬，肺膜上附有纤维素。肺炎灶周围气肿，胸膜、肺膜粘连。切面可见暗红色、黄色和灰白色肝变区，间有化脓灶。小支气管中充满纤维素或脓汁。心脏可见纤维素性心外膜炎和心包炎。肾可见灰黄色梗死灶。在肾、膀胱、淋巴结等处可见小点状出血，出血变化较急性型轻。

②肠型猪瘟：病变主要局限在大肠。盲肠（特别是回盲瓣部）和结肠淋巴滤泡发生坏死、溃烂，形成纽扣状溃疡。坏死主要局限在出血的底基上或淋巴滤泡所在部位的黏膜和皱襞的顶端。坏死灶周围黏膜呈炎性反应。炎症向周围逐渐扩大，渗出的纤维素与坏死的上皮组织、细菌和粪渣互相黏结，构成高出黏膜表面的坏死痂。炎症继续向周围扩展，炎症表层由病理产物所构成的痂形成比较整齐的同心圆轮层状结构，即习惯上所说的"扣状肿"。扣状痂脱落后，留下圆形溃疡面，溃疡可机化为疤痕，转归良好。恶化时炎症可侵害深层组织，甚至引起腹膜炎。

2. 病理组织学变化

猪瘟在病理组织学方面的变化主要是，网状内皮系统受侵害，毛细血管内皮细胞水肿、变性、坏死，引起出血。变性区内血流受阻，白细胞聚积，形成梗死。淋巴结和血管变化具有特征意义。

（1）淋巴结。其变化分为三种类型。第一种是水肿型。淋巴结包膜、小梁、透明区和毛细血管周围水肿。水肿液将网状纤维和细胞冲散，分隔成两种成分。淋巴滤泡和生发中心体积增大，总数减少。在透明区可见血管扩张，周围有淋巴细胞和组织细胞浸润。第二种是网状细胞肿胀变性，淋巴滤泡萎缩或消失。局部毛细血管肿胀或坏死，内皮细胞肿胀变圆。淋巴窦内蓄积大量的红细胞、炎性水肿液和少量多形核细胞。出血在实质内呈特殊分布，肉眼所见呈大理石样外观。第三种是淋巴结实质严重浸润及出血，红细胞充塞于整个淋巴组织中，淋巴滤泡消失，淋巴组织萎缩。

（2）血管。变化主要在毛细血管、小血管，其次为中血管。毛细血管或小动脉管内皮细胞肿胀，核肿大，缺乏染色质，向管腔内突出，胞浆内有空泡变性。血管壁呈均匀一致的玻璃样变性。病程长的病例，小血管内皮高度增生，使血管壁增厚，管腔狭窄或阻塞。

（3）脾脏。血管壁肿胀、玻璃样变性。毛细血管管腔内可见到纤维素透明样栓或血小板凝集物。实质发生凝固性坏死和出血。在增殖细胞的间隙有崩解变性的细胞和玻璃样物质。滤泡中央动脉壁水肿、肥厚。这种脾的骨髓样变化在诊断猪瘟时具有重要意义。

（4）肾脏。皮质部散在出血性变化、水肿，肾小管间质出血、组织增生。上皮细胞颗粒变性和脂肪变性，血管周围淋巴细胞和组织（巨噬）细胞浸润，形成管套。髓质充血、出血。集尿管上皮细胞空泡化。肾小球血管丛严重充血、出血。毛细血管壁内皮细胞肿胀、增生。肾小球肾炎、淋巴细胞间质性肾炎和小动脉变性，是慢性肾炎的典型变化。

（5）肝脏。中央静脉及其附近肝细胞坏死、萎缩，间质与胆管周围淋巴样细胞浸润和纤维结缔组织增生。胆囊上皮细胞和网状内皮细胞有核内包涵体。

（6）脑。弥漫性淋巴细胞性非化脓性脑炎，以延脑、脑桥、中脑和丘脑最为明显。毛细血管壁内皮细胞肿胀、坏死。血管周围有大量的淋巴样细胞浸润，形成管套，具有一定的诊断意义。

（7）膀胱和输尿管。黏膜上皮细胞浑浊肿胀，空泡化变性。黏膜下层出血，血管周围淋巴样细胞浸润。

复习思考题

1. 典型猪瘟有哪些病理变化？

2. 猪瘟有哪些危害？

3. 急性型猪瘟有哪些表现？

第二章　传染与传播

　　猪瘟是一种高度接触性的传染病，具有较强的传播能力，在我国传播范围十分广泛。猪瘟主要通过接触传播，经消化道感染。病毒也可以通过母猪胎盘或公猪精液传播给仔猪，造成仔猪出现先天性的免疫耐受，导致疫苗免疫失败。持续感染猪瘟的猪能持续向外排出病毒，污染周围环境，病猪，病猪排泄物和分泌物，病死猪的脏器及尸体，急宰病猪的血、肉、内脏、废水、废料，污染的饲料，饮水等都可散播病毒。目前我国猪瘟流行无规律性，以点状散发流行为主。

一、传染源

　　猪瘟最主要的传染源是感染病毒的家猪、野猪，包括病猪、排毒期康复猪和隐性感染猪；它们的分泌物和排泄物；被猪瘟病毒污染的饮水、饲料、工具、物资，含猪瘟病毒的猪肉产品、公猪精液、母猪的胎盘和患病母猪生产的仔猪等；病死猪的脏器及尸体，急宰病猪的血、肉、内脏、废水、废料；患病和弱毒株感染的母猪也可以经胎盘垂直感染胎儿，产生弱仔猪、死胎、木乃伊胎等。

　　遗传分型为寻找中国猪瘟的传染来源提供了最可靠、最直接的证据。分子流行病学研究结果首次明确提出了我国猪瘟的传播来源，近十多年中国猪瘟流行的传染源主要来自欧洲。欧洲，特别是欧共体国家猪瘟流行没有真正停止过。20世纪90年代以后，一些欧共体国家相继暴发了猪瘟，欧共体一直是世界发达养猪业的中心，其活猪及猪肉产品远销世界各地。因此，疫病完全可能随贸易而扩散。欧共体国

图1.20　现代化猪场俯视图

家是我国改革开放后进口种猪的主要来源地，虽然有进口检疫，但难免遗漏，在引进种猪的同时，也会无意引进一些带毒猪。我国曾多次出现进口猪在检疫期发生猪瘟的情况。

复习思考题

1. 猪瘟有哪些主要传染源？
2. 我国猪瘟的传播来源是在哪里？

二、传播途径

猪场购入隐性带毒猪是导致该病发生的最主要原因。病猪和健康猪的直接接触是该病的主要传播方式。口鼻腔黏膜、生殖道黏膜和破损的皮肤均是猪瘟病毒的感染途径，空气、虫媒也可能造成猪瘟病毒的传播。

猪瘟的传播途径主要分为水平传播和垂直传播。水平传播主要是健康猪直接或者间接接触病猪、排毒期康复猪或隐性感染猪（见图1.21，图1.22），猪瘟病毒污染物主要为含猪瘟病毒的分泌物和排泄物，被猪瘟病毒污染的工具、物资、人员、饲料、饮水等，主要通过消化道、皮肤黏膜等传播。垂直传播主要是妊娠母猪通过胎盘传染给仔猪，也可以是公猪通过精液传染给母猪。

运输和贸易带来的猪群流动是传播与扩散猪瘟的重要途径。广东是我国生猪及猪制品运输与交易最活跃的地区，

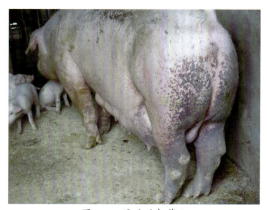

图1.21　母猪后躯紫斑

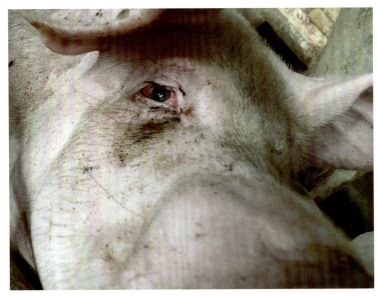

图1.22　眼结膜潮红

同时也是我国种猪出口海外的主要集散地。遗传分型表明，广东有最多的猪瘟病毒基因群毒株，基因二群中的三个基因亚群均在广东流行。我国其他一些地区也有类似特征。我国生猪的无序流动已导致不同基因型病毒同时在同一地区，甚至在同一群体中流行。这不仅严重危害着我国的养猪业和养猪产品的生产，还警示我们，我国猪群中随时存在着由于不同基因型病毒重组产生新变异毒株的潜在危险。

复习思考题

1. 什么是导致猪瘟发生的最主要原因？
2. 猪瘟传播主要有哪两种途径？
3. 什么是猪瘟传播与扩散的重要途径？

三、易感动物

　　猪瘟在自然条件下只感染猪，不同年龄、性别、品种的猪均为易感动物，是该病唯一的自然宿主。目前，未见报道其他动物为猪瘟的易感动物。该病无明显季节性特点，发病猪日渐幼龄化，存在持续性感染、先天性感染等现象，管理差的猪场、非特异性免疫力低的猪群多发、易发。

复习思考题

　　1.猪瘟的易感动物主要有哪些？
　　2.猪瘟发病有季节性吗？

第三章　免疫与疫苗

　　中国猪瘟病毒流行株的基因组稳定，现有的猪瘟疫苗对我国流行毒株能起到有效保护。C株疫苗能抵抗全世界流行的三个基因型野毒的攻击，且接种试验毒株的免疫猪没有排毒现象。C株疫苗不仅为世界上一些国家消灭猪瘟作出了贡献，还对我国猪瘟的控制发挥了重要作用。但要最终净化猪瘟，仅依靠疫苗是远远不够的。为了应对未来的危机，应在继续接种传统疫苗的同时，研发使用新的替代疫苗，并持续强化生物安全，最终实现猪瘟的净化。新型疫苗应有与商业化疫苗同等效力的同时，兼具能够区分疫苗免疫还是自然野毒感染的效果。除了常规弱毒疫苗以外，当前主流研究方向是基于猪瘟病毒保护性抗原E2的重组质粒、表达蛋白或合成肽段的开发。

一、免疫诊断

猪瘟的快速诊断和及时处理被感染动物是控制该病的关键，病毒被检测出的时间越长，其传播流行的概率就越大。尽管评价猪群是否感染猪瘟病毒的标准操作流程已经建立，但临床标准的参考项目仍相对较为复杂。另外，目前流行的猪瘟没有特征性的临床症状，所以通常需要实验室检测。

由于猪瘟病毒和其同属的牛病毒性腹泻病毒（BVDV）、边界病病毒（BDV）抗原相似，因此鉴别诊断意义重大。目前，已经开发建立了病毒核酸检测和病毒特异性抗原或抗体检测的方法，并在临床诊断中起到了重要作用。疾病暴发时不可能采用所有可行的检测方法，因此，可以根据流行情况、检测目的和猪场实际条件选择最合适的检测方法。

（一）核酸检测

实时定量 RT-PCR（qRT-PCR）（PCR 即聚合酶链反应）是目前应用最广泛的瘟病毒核酸检测方法，已有现成的检测瘟病毒通用方法和检测猪瘟病毒的特异性方法。该检测方法的优点是检测病毒核酸中特定的基因片段敏感性高、特异性强、快速、高效。由于该方法需要配备特殊的仪器（荧光定量 PCR 仪）及购买专用的试剂（或者试剂盒），因此，特别适用于 500 头母猪及以上的规模化猪场。

1. 样品采集

猪瘟病毒主要通过口、鼻传播，在扁桃体内完成最初的复制增殖，然后从扁桃体到局部淋巴结，再通过外周血液循环到达骨髓、小肠、脾脏和各级淋巴组织，一般在 6 天内可引起全身感染。因此，在未出现临床症状的感染早期，感染猪就能通过唾液和鼻液排毒。对于活猪，无论从减少应激角度，还是从采集样品（组织）的可操作性而言，口鼻和肛门拭子是较好的选择。由于猪瘟病毒主要在单核 -

巨噬细胞和血管内皮细胞中复制，因此血液样品也是检测该病毒的重要样本。

由于猪瘟病毒主要富集于扁桃体、脾脏、肾脏、回盲淋巴组织、咽喉淋巴结等组织，因此，这些器官组织可以作为病死猪检测病毒的重要样品来源。

2. 采集时间

有数据表明，在口鼻拭子中，最早在自然接触感染6天后可以检测到猪瘟病毒；在血液和肛门拭子中，最早在自然接触感染后9~10天可以检测到猪瘟病毒。

3. 采集前准备

（1）一般材料。

①标签和记号笔。

②数据记录表、笔、写字板。

③盛放针头和刀片的锐器盒。

④高压灭菌袋。

⑤用于环境采样的拭子和盛放拭子用的离心管。

⑥病毒保存缓冲液或者生理盐水。

（2）样品包装运输所需材料。

①容器 / 离心管 / 小瓶（防漏并标示清楚）。

②吸水纸。

③密封性好的容器或袋子，作为二次包装（即防漏）、用于储存样品的容器和采血管。

④冷藏箱（+4℃）。

⑤便携式冷冻箱（-80℃）/ 干冰 / 液氮罐（仅在远离设备齐全的实验室进行取样时才需要）。

⑥固定动物的材料（如套索、木板）。

（3）采血所需材料。

①消毒剂和脱脂棉（酒精棉）。

②不含抗凝剂的无菌采血管（10毫升，红色盖子）。

③含有前腔静脉抗凝血（EDTA）的无菌采血管（10毫升，紫色盖子）。

④根据猪的大小和采样部位（颈静脉、耳缘静脉）选取真空采血管或10~20毫升注射器。

（4）组织采样所需材料。

①样品架或冻存盒，装有足量冰/冰袋的冰盒（泡沫盒）。

②用于收集病料的2毫升无菌冻存管（采完的样品放在冰上）或小号密封袋。

③带刀片的手术刀、镊子和剪刀。

④盛有消毒剂的容器，用于对刀、剪刀进行消毒，避免不同脏器和不同动物个体之间的交叉污染。

⑤如进行病理学检查，可使用密封的塑料容器，内装10%中性福尔马林缓冲液（动物脏器体积：福尔马林体积为1:10）。

⑥处置动物尸体所需的适当材料。

4.采集方法

（1）采集对象。

①母猪：口鼻拭子，异常猪需要鼻拭子加尾静脉血/前腔静脉。

②大栏商品猪：采集口腔液、异常猪做好防护进栏采鼻腔拭子。

③保育、育肥猪：尽量采集环境样，如食槽、走道、排泄区、道路、生活区等纱布取样了解污染面。

④人员：手部、鞋底、衣角、头发、鼻孔、耳廓等。

（2）采集样品数量。

对于规模化猪场，实行网格化管理：分小格，先检测，再清理，异常猪舍重点关注。先采取样品合并的方法进行大规模筛查：唾液样品5个一组、血液样品20个一组，然后对检测结果阳性组中的样品逐个采样排查。

（3）操作方法。

①鼻拭子的采集：用无菌注射器注入2毫升病毒保存缓冲液，保定猪只，将带管套的无菌棉拭子插入母猪鼻孔中，轻轻旋转三次；

当棉签充分浸润后拔出，装入管套中。标记母猪耳号、栋栏号及采集位置。加冰块（或者冰袋）低温保存，24~48小时内尽快送检或完成检测。

　　②唾液／口腔液采集：母猪在喂料前半小时采集唾液；唾液采样袋（见图1.23）或棉绳挂于栏舍内或定位栏前，猪只充分咀嚼10分钟后，置于密封袋内，剪去袋子一角后挤压棉块或棉绳，将收集的唾液倒入收集管中，编号送检（见图1.24）。

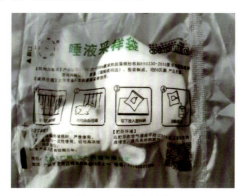

图1.23　唾液采样袋

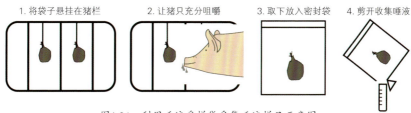

图1.24　利用唾液采样袋采集唾液样品示意图

　　③血拭子采集：使用一次性专用采血针，不接触穿刺尾根或者耳缘静脉。用棉签按压、蘸取尾根血，至止血为止。若流血较多，立即采取纱布、棉球等方式止血。将收集好的血拭子立即装入管套中。标记母猪耳号、栋栏号及采集位置。加冰块低温保存。

　　④阴肛拭子采集：用无菌注射器注入2毫升病毒保存缓冲液，用棉签插入母猪阴户中，尽可能深插，停留5秒左右，当棉签充分浸润后拔出。将同一根棉签蘸取肛门样品。采完样后，装入管套中。标记

母猪耳号、栋栏号及采集位置。加冰块低温保存。

⑤环境采样：对于小面积的环境采样，可以使用无菌生理盐水加无菌纱布；如果是大范围环境采集，可以使用拖地的拖布，再将采样纱布绑在上面，这样就可以进行比较大范围的采样，而且收起来非常方便。

对于固体标本，采集方法为用无菌注射器向试管注入2毫升病毒保存缓冲液，先浸润无菌棉拭子。然后对固体标本表面呈"井"字形采样，将拭子放入试管中，记录采样信息；封口，垂直放置，冷藏保存，24~48小时内尽快送检。

对于液体标本，用无菌吸头吸取采样点液体1毫升置于离心管中。封口，记录采样信息，冷藏保存，24小时内尽快送检。

环境监测建议频率为一周一次，各养殖场可根据当地疫情压力调整监测频率。一般而言，建议采样点涉及的主要是常见污染区域或者需关注的采样点，主要如下。

物资消毒间：物资消毒架、物资进口区域门把手、脚踏区域。

人员消毒通道：门把手、入口处脚踏区域。

兽药房：药房门把手、药房冰箱门把手。

工作服：刮取污染的工作服上污染物。

雨鞋：刮取雨鞋侧面及鞋底的污染物。

内部转运车辆：轮胎、货仓、司机室、脚踏、方向盘、油门及刹车部位。

内部运输车辆：轮胎、手推把手。

饲料加工成品仓出料口：出料口、环境样品、饲料袋。

猪场内门把手：猪舍及兽医室等建筑门把手。

道路：猪场内道路、猪舍内道路。

⑥人员采样：用无菌注射器注入2毫升病毒保存缓冲液，将无菌棉签头部浸湿后按照头发、衣服、指甲缝、手机、手机壳、行李表面、鞋底的顺序转动取样，最后将棉签折断放回离心管中，做好标记后冷藏保存，24小时内尽快送检。

5. 样品保存和运输

（1）为尽可能避免病毒核酸降解，条件允许时尽量选用商品化的病毒保存缓冲液。若选用生理盐水作为保存缓冲液，应尽快将样品送检。

（2）对于污染严重的样品，可以添加 0.1% 青链霉素。

（3）样品采集完毕后，运输途中应全程保障拭子竖直放置；若要长距离（超过 3 天）运输，则应采用三重包装（见图 1.25），同时添加足够的干冰保持低温。

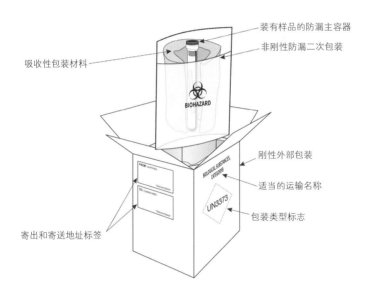

图1.25 运输样品三重包装示意

6.qRT-PCR 结果判定和分析

（1）结果判断。使用不同的猪瘟病毒核酸检测试剂盒（RT-PCR 法），结果判定标准会有微小的区别，本书将以一个试剂盒进行详细说明。

①质控标准：质控标准是检验本次反应（实验）是否正常，需同时满足下面两个条件，否则所有其他样品的检测实验均视为无效。

阴性质控品：无明显扩增曲线或无 CT 值显示。

阳性质控品：扩增曲线有明显指数生长期，且 CT 值 ≤ 32。

②结果判断：样品反应的结果判读必须在满足质控标准的前提下进行。

阳性：检测通道 CT 值 ≤ 35，且曲线有明显的指数增长曲线。

可疑（弱阳性）：检测通道 35 < CT 值 ≤ 37，建议重复检测，如果检测通道仍为 35<CT 值 ≤ 37，且曲线有明显的增长曲线，判定为阳性，否则为阴性。

阴性：样本检测结果 CT 值 >37 或无 CT 值。

③案例分析：荧光定量 PCR 扩增曲线如图 1.26 所示，其中 3 号为阳性对照、7 号为阴性对照、8 号为空白对照，其余均为检测样品。首先分析质控标准，阳性检测通道 CT 值 =22.5；阴性检测通道无 CT 值，满足质控标准。

1 号、2 号样品扩增信号较强，CT 值分别为 22.8 和 21.4，均小于 35，判定检测结果为阳性；4 号、5 号样品扩增信号较弱，CT 值分别为 33.8 和 34，也均小于 35，判定检测结果为阳性（弱阳性）；6 号样品无扩增信号，无 CT 值，判定检测结果为阴性。

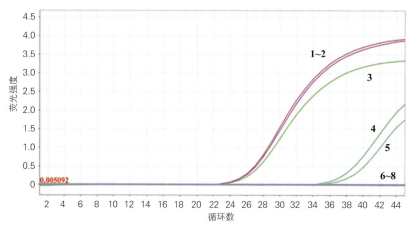

图1.26　检测样品正常扩增曲线

（2）常见问题。

①扩增曲线不光滑（见图 1.27）。主要有两个原因。一是扩增信

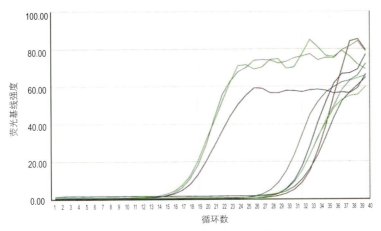

图1.27　检测样品扩增曲线不光滑

号太弱，经系统矫正后，就产生不平滑的扩增曲线，建议提高模板浓度（样品加入量增加或者浓缩纯化病毒核酸）重复实验。二是仪器本身的问题，可能在扩增过程中仪器出现了波动或者本身该检测孔出现了异常。

②扩增曲线断裂或下滑。扩增曲线下滑（见图1.28），主要原因是模板浓度太高，在基线期内就起峰了，仪器会默认起峰的线条仍为

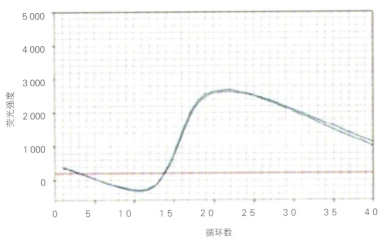

图1.28　检测样品扩增曲线下滑

基线部分，将扩增曲线往基线位置下拉，因此扩增曲线就趴下。这种情况可以减小基线终点（如将基线期从默认 3~15 个循环改为 3~10 个循环），重新分析数据，一般都能得到一个比较好的结果。

③个别扩增曲线骤降。这是比较常见的一个问题，反应管内若留有气泡，温度升高后会导致气泡破裂，使仪器检测到的荧光值突然降低。所以进行扩增反应之前，一定要仔细检查反应管内是否有气泡残留。

④ RT-PCR 操作注意事项。不同公司（来源）的核酸检测试剂盒严禁混用；试剂盒及相关试剂的保存严格按照说明书执行，避免反复冻融，超过有效期的杜绝使用；尽量选择超净台和较为干净的实验室进行加样，且所有加样应为同一操作人员；在完成所有加样后，为避免液体挂壁或产生气泡，可以用离心机（见图 1.29）瞬时离心（如 1000 转 / 分离心 15 秒）。

图1.29 样品扩增微孔反应板离心机

7. 核酸检测注意事项

（1）所有采样相关器械具均为一次性用品，要勤换手套和鞋套，避免交叉污染。

（2）对于疑似猪（不吃食、发烧、流产、死亡），采集鼻拭子和血液（死亡不久猪可以心脏采血）检测即可，为防止病毒扩散，严禁解剖。

（3）环境采样时，同一纱布或棉拭子尽可能多点取样。

（4）采样后及时用自封袋或密封容器封存，放入装有冰块的冰盒或泡沫箱，及时送检（通常 48 小时内）。

（5）采样人员应穿防护服、戴鞋套、手套、口罩。

（二）抗原检测

抗原检测常用于活猪早期猪瘟病毒感染（感染后一周内）的诊断，

其原理是猪瘟病毒的抗体能够结合猪瘟病毒，并在一定条件下实现可视化或者可被仪器识别。常用的猪瘟病毒抗原检测方法主要有酶联免疫吸附试验（ELISA）和直接荧光抗体测试（FAT）。

1. 抗原捕获 ELISA

抗原捕获 ELISA 的成本比 PCR 更为低廉，并且可在没有特殊的实验室仪器设备的条件下，短时间内对样品进行大规模筛查。缺点是对于亚急性和慢性病例，抗原捕获 ELISA 的敏感性明显较低。同时，现地样品通常状态不佳，因此也降低了检测的敏感性。因此建议抗原捕获 ELISA（或其他 ELISA）主要用于"群体"检测，并辅以其他病毒学和血清学检测。抗原捕获 ELISA 检测猪瘟病毒（抗原）的原理及步骤见图 1.30。

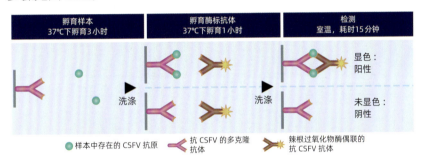

图1.30　猪瘟病毒抗原捕获ELISA检测原理及步骤

（1）样品需求及处理方法。血清、血浆、加入肝素或乙二胺四乙酸（EDTA）的全血及器官组织匀浆均可以通过抗原捕获 ELISA 检测。为避免剖检过程中病毒扩散，建议尽量使用血清检测。

①血清。使用未加抗凝剂（红色盖子）的真空采血管从颈静脉、下腔静脉、耳缘静脉，或剖检过程收集血液样品。返回实验室后，血液样品应在室温（20~25℃）下放置 2 小时或在 4±3℃下放置 14~18 小时，以分离血凝块（仅供参考）。弃去凝固物，2000 转 / 分离心 10~15 分钟后，回收澄清的上清液（血清）。如果血清是红色，这表明样品发生了溶血，容易在检测中产生假阳性反应。通常已经死亡动物的血液样品易发生溶血。血清样品在分离后可以立即开展抗体

和病毒（抗原）检测，或者在 –70℃
以下储存备用。对于抗体检测，储存
在 –20℃已足够，但是对于病毒（抗
原）检测，最好存于更低温度的环境。

②器官组织匀浆物。对于急性病
死猪，可以采集扁桃体、脾脏、肾脏、
回盲淋巴组织、咽喉淋巴结等组织。
采集后组织需尽快进行匀浆处理或者
保存在 –70℃或更低温度条件下。匀
浆操作使用手动或电动组织匀浆器均
可（见图 1.31）。

匀浆操作步骤（供参考）。

图1.31　电动组织匀浆器示例

第一步：往 50 毫升无菌离心管中
添加 10 毫升含 0.1% 青链霉素的病毒保存缓冲液（预冷，4℃左右）。

第二步：取 2 克左右的器官或组织样品投入缓冲液中。

第三步：用匀浆器将组织充分匀浆。

第四步：将匀浆后的器官组织悬液以 3000 转 / 分离心 10 分钟，
吸取上清液直接用于 ELISA 检测或者保存在 –70℃以下备用。

第五步：所有器械及用具彻底消毒灭菌，防止病毒扩散传播。

（2）结果判定。严格按照说明书，一般在加入显色液后，必须在
规定的时间完成判读。如果有酶标仪，则可使用酶标仪进行读板记
录；如果没有，建议在显色时间完成后立即用手机或者相机拍照，然
后根据照片中每孔的颜色判断是否有猪瘟病毒的存在。

判读的前提是阴性对照和阳性对照正常，即阴性对照孔没有颜色
变化，阳性对照孔出现明显的颜色。没有出现颜色变化的反应孔对应
的检测样品没有猪瘟病毒（阴性样品，黑色边框所示位置），其他样
品均出现不同程度的颜色变化，判读为阳性（见图 1.32）。

（3）注意事项。

①试剂盒从冷藏环境中取出后应在室温平衡 15~30 分钟后方可

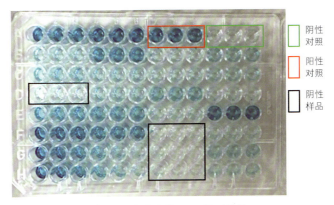

图1.32　猪瘟病毒ELISA检测结果

使用，酶标包被板开封后如未用完，板条应装入密封袋中保存。

②若是低温存储的血清或组织匀浆液，需提前4℃左右解冻或者室温自然解冻，避免热水解冻和反复冻融。

③各步加样均应使用加样器，并经常校对其准确性，避免试验误差。一次加样时间最好控制在5分钟内，如标本数量多，推荐使用排枪加样。

④所有样品（包括阳性和阴性对照）最好做2~3个复孔。

⑤封板膜只限一次性使用，避免交叉污染。

⑥底物请避光保存。

⑦严格按照说明书的操作进行，不同批号组分不得混用。

⑧所有样品、洗涤液和各种废弃物都应按传染物处理。

2. 直接荧光抗体测试

由于FAT涉及程序相对复杂的病理切片的制作及需要使用到荧光显微镜。因此，该检测方法在猪场中一般不推荐使用，这里也不做详细介绍。

（三）抗体检测

猪感染猪瘟病毒或者接种疫苗后，能够刺激机体产生中和抗体并分泌到血清中。目前，主要利用ELISA检测猪瘟病毒感染或者疫苗免疫后产生的抗病毒结构E2蛋白和Erns抗体。该方法适用于出现临床症状或者免疫接种超过 2 周的猪群。该方法主要检测样品为血清,血清的准备及制备方法可参考抗原检测血清部分,即将收集于血清分离管的血液样品在室温(20~25℃)放置 2 小时或 4±3℃过夜,然后2000转 / 分离心 10~15 分钟,取上清即可。检测结果也是根据是否有颜色变化及颜色的深浅来判定血清(样品)中抗体是否存在及抗体的滴度(见图 1.33)。

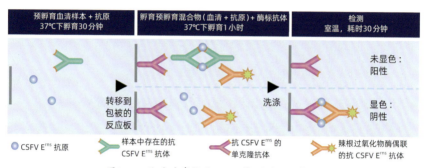

预孵育血清样本 + 抗原 37℃下孵育30分钟	孵育预孵育混合物(血清 + 抗原)+ 酶标抗体 37℃下孵育1小时	检测 室温,耗时30分钟

转移到包被的反应板　　洗涤

未显色:阳性

显色:阴性

● CSFV E^{rns} 抗原　　　Y 样本中存在的抗 CSFV E^{rns} 抗体　　　Y 抗 CSFV E^{rns} 的单克隆抗体　　　Y 辣根过氧化物酶偶联的抗 CSFV E^{rns} 抗体

图1.33　猪瘟病毒抗体ELISA检测原理及步骤

复习思考题

1. 什么是核酸检测?

2. 什么是抗原检测?

3. 什么是抗体检测?

二、疫苗

(一)现有疫苗及特点

目前,国内猪瘟疫苗的品种有 15 个,其中有 2 个灭活疫苗和 13 个活疫苗,活疫苗中有单苗、二联苗和三联苗。我国生产的猪瘟疫苗主要有猪瘟兔化弱毒脾淋苗、猪瘟兔化弱毒组织苗、猪瘟细胞苗(牛睾丸原代细胞疫苗、猪瘟传代细胞苗)和猪瘟猪丹毒猪肺疫三联苗 4 种。

1. 猪瘟兔化弱毒脾淋苗

猪瘟兔化弱毒脾淋苗系兔化弱毒株接种于成年兔，采用无菌法收获含毒浓度高的淋巴结、脾脏后通过减毒制备而成的疫苗。特点是免疫原性强、效果好，免疫后抗体产生快、持续时间长。

2. 猪瘟兔化弱毒组织苗

猪瘟兔化弱毒组织苗系猪瘟兔化弱毒株接种于乳兔，经无菌采集肌肉及实质脏器制备的疫苗。该苗的特点是免疫原性较强，免疫效果较好，免疫后抗体产生较快，抗体滴度持续时间较长。

3. 猪瘟细胞苗

猪瘟牛睾丸原代细胞苗系利用牛睾丸原代细胞制造的疫苗，优点是可大批量生产，生产过程容易监控，价格低廉；缺点是效价不稳定。

4. 猪瘟猪丹毒猪肺疫三联苗

猪瘟猪丹毒猪肺疫三联苗通过猪瘟兔化弱毒株（C株）接种易感细胞，收获细胞培养病毒液，以适当比例与猪丹毒杆菌弱毒菌液、猪源多杀性巴氏杆菌弱毒菌液混合，加适宜稳定剂，经冷冻真空干燥制成。

该疫苗多用于预防猪瘟、猪丹毒和猪肺疫。一般不用于首免，多用于60日龄后的肥育猪。

（二）疫苗使用

猪瘟疫苗对运输和储藏条件要求较高，冻干苗应在 −15℃下储藏，加耐热保护剂的疫苗应在 2~8℃储存，在8℃以下冷藏运输。疫苗稀释后，如气温在 15℃以下，应在 6小时内用完；如气温在 15~27℃，应在 3小时内用完。试验证明，夏季早晨刚稀释的疫苗到傍晚检测，效价可损失约 90%。

1. 免疫接种

（1）猪瘟脾淋组织苗（兔源）。

①仔猪：超前免疫，出生当天哺喂初乳前，每头肌注 0.5头份；35日龄二免，肌注 1头份；65日龄三免，肌注 2头份。常规免疫，仔

猪23~25日龄首免，每头肌注1头份；65~70日龄二免，肌注2头份。饲养育肥猪期间不再接种猪瘟疫苗；培育后备种猪，应于第1次发情配种前15天加强免疫1次，每头肌注2头份。

②生产母猪：每次母猪产仔后15天免疫1次，每头肌注2头份，妊娠期间不接种猪瘟疫苗。

③种公猪：每年4月份与9月份各免疫1次，每次每头肌注2头份。

（2）猪瘟传代细胞疫苗。

①仔猪：超前免疫，1日龄每头肌注0.5头份，35日龄肌注1头份，70日龄肌注2头份。常规免疫，25~30日龄，每头肌注1头份，60~65日龄，肌注2头份。经上述免疫后，饲养育肥猪期间不再接种猪瘟疫苗；培育后备种猪，应于发情配种前20天加强免疫1次，每头肌注2头份。

②生产母猪：产仔后10天免疫1次，每头肌注2头份。

③种公猪：每年4月份与9月份免疫1次，每次每头肌注2头份。

免疫抑制性疾病及各种免疫抑制因素等都可能对猪瘟免疫产生一定干扰，影响免疫效果。因此，在搞好猪瘟免疫的同时，还要预防多种免疫抑制性疾病，如蓝耳病、圆环病毒病、伪狂犬病、细小病毒病、猪流感及喘气病等，确保猪瘟的免疫效果。

（三）疫苗使用注意事项

1. 免疫程序制定

（1）基本原则。免疫程序制定的基本原则是，根据本地区或养殖场内传染病的流行状况、动物健康状况和不同的疫苗特性，为特定动物群制定接种计划，包括接种疫苗的类型、顺序、时间、次数、方法、间隔时间等。因此，对养殖来说，没有统一的动物传染病免疫程序，只有最适合的。

①免疫接种选择。根据免疫接种的不同时机，免疫接种可分为预防接种和紧急接种两类。预防接种是平时为了预防传染病的发生和流行，有组织、有计划地按免疫程序给健康猪群进行的免疫接种。常用的免疫制剂为菌苗和疫苗等。接种方法有皮下、肌肉注射和口服、喷

雾吸入等。紧急接种是指发生传染病时，为迅速控制和扑灭疫病的流行而对疫区和受威胁区尚未发病的动物进行的应急性免疫接种。在猪场，疫区为正在发病的猪舍，受威胁区为猪场内尚未发病的其他猪舍。实践证明，在疫区和受威胁区有计划地接种正在发生的疫病疫苗很有效果。

②影响免疫接种效果的因素。影响免疫接种效果的因素很多，不但与疫苗的种类、性质、接种途径、免疫程序、运输保存有关，还与猪的年龄、体况、饲养管理条件等因素有关。对仔猪来说，首免日龄的选择应充分考虑母源抗体的影响，过早会受到母源抗体干扰，导致母源抗体快速下降和免疫失败；过晚则存在免疫空白期。疫苗生产、运输、保存不当会影响免疫效果。免疫接种途径错误，或免疫程序不合理，或同时接种两种以上的疫苗，或接种多价苗、联合苗都可能影响免疫接种的效果。此外，在进行免疫接种时，需登记接种日期、疫苗名称、生产厂家、批号、有效日期、剂量和方法等，并注明已接种和未接种的猪，以便观察免疫接种反应和预防效果，分析可能发生问题的原因，指导以后的防疫。

③免疫时间和剂量。种公猪：春、秋两季按常规剂量接种猪瘟兔化弱毒冻干苗。经产母猪：在产仔后、发情前进行免疫接种。后备母猪：在配种前常规剂量进行免疫接种。仔猪：在无猪瘟疫情的地区和猪场，可在7~10或20日龄常规剂量首免，50~60日龄常规剂量进行二免；在有疫情的地区，以常规剂量的4倍进行二免。有条件的猪场，可进行超前免疫，即新生仔猪在未吃奶前接种常规剂量猪瘟疫苗，待2小时后进行自由哺乳；50~60日龄常规剂量或常规剂量的4倍量进行二免。免疫注射后，4天左右即可产生免疫保护力。常用的还有猪瘟、猪丹毒、猪多杀性巴氏杆菌病（猪肺疫）三联疫苗，注射后14~21天产生免疫力，猪瘟免疫期10个月。应注意临产母猪、怀孕期母猪不能注射猪瘟疫苗，否则易引起流产、仔猪死胎、木乃伊胎等。

（2）监测免疫效果。免疫监测指利用血清学方法，对某些疫苗免疫过的猪在免疫接种前、后进行抗体跟踪监测，以确定接种时机和免疫效果。为了使免疫接种获得可靠的效果，必须建立免疫监测制度，排除对免疫的干扰因素，保证免疫程序的合理实施。在免疫前监测有无相应抗体及其水平，可掌握合理的免疫时机，避免重复和失误；在免疫后监测，可了解免疫效果，如不理想可查找原因，进行重免；有时通过监测还可及时发现疫情。

　　合理的免疫程序制定需要充分考虑猪场自身及环境中存在的各个影响因素，没有一个统一的免疫程序和接种制度。因此，养殖户需要结合自身情况定制。同时，需要我们借助免疫效果监测，对其进行不断优化调整，进而为猪场猪群建立坚强、有效的防疫屏障，避免疫病的发生。

　　2. 疫苗购买与选择

　　首先，要到正规的销售渠道购买，不要贪图便宜，从一些不正规的渠道购入疫苗。现在许多疫苗厂家在各地都设有经销商，所以购买时应到当地指定的经销商处购买。其次，购买时尽量挑选大品牌、口碑好的企业，因为疫苗本身对环境要求比较高，运输、冷链保存中断等均可造成疫苗失效，大品牌的企业在疫苗生产、保存、运输等环节做得相对规范一些。最后，选择猪瘟疫苗时不要盲目推崇抗原含量，正如药物一样，疫苗含量并非越高越好，达到规程检验要求的疫苗就是合格疫苗，含量过高反而可能会造成副反应。如果有条件，最好做个对比试验，通过比较抗体水平的高低和整齐度来判断疫苗的免疫效果。

　　3. 规范免疫接种

　　(1)严格按照说明书进行疫苗的保存、运输。

　　(2)疫苗稀释需使用专用的疫苗稀释液按照比例进行稀释，如果突遇稀释液不够等情况，可以使用无菌的生理盐水或者灭菌的 PBS 液 (pH 值为 7.0 的磷酸盐缓冲液) 代替，严禁使用冷开水或者自来水稀释。

　　(3)稀释后的疫苗应尽快使用 (一般在 2~3 小时内)，剩余的应该经过消毒灭菌后弃用。

（4）所有接种猪只务必保证一猪一针头一棉球，避免交叉传播。

（5）避免接种时漏液，尽量保证每只猪的实际免疫剂量。

复习思考题

1. 什么是猪瘟兔化弱毒脾淋苗？

2. 猪瘟疫苗对运输和贮藏条件有什么要求？

3. 怎样正确购买与选择疫苗？

第四章　预防与控制

　　目前预防猪瘟最常用、最有效的措施是免疫。C 株兔化弱毒疫苗具有显著的效力，且对所有物种都安全，除了缺少表型 DIVA（区分自然感染和疫苗接种动物）区别的标志，几乎满足了完美疫苗的所有要求，为猪瘟的控制提供了技术保障。此外，采用快速、敏感的诊断技术，制定科学的免疫程序，建立完善猪瘟疫情监测预警模型、数据库和猪瘟综合防控净化模式，可做到猪瘟逐步净化。

一、疫情监测

（一）免疫监测

免疫监测可以掌握猪群的免疫状态，制定适合于该猪场的免疫程序，及时淘汰免疫耐受猪，保持猪群的整体有效免疫水平，是预防和减少猪瘟发生的重要手段。此外，结合猪瘟病毒抗原检测，可淘汰隐性感染和潜伏感染的种公猪和母猪，消除引起仔猪先天感染和免疫耐受的传染源。

1. 监测方法

使用猪瘟 Dot-ELISA 诊断试剂盒检测猪瘟母源抗体和免疫抗体；使用猪瘟 PPA-ELISA 诊断试剂盒检测猪瘟免疫抗体。OD（optical density，光密度，也称吸光度）值在 0.3 以上的，其抗强毒的保护率为 100%；OD 值在 0.17~0.3 的，保护率为 75%。群体抗体保护率在 80% 以上的，具有抗猪瘟的保护力。

2. 监测内容

（1）种猪。种猪引入的强毒检测、种猪引入的抗体检测、种猪引入的哨兵猪检测、大群种猪抗体检测、大群种猪强毒检测。

（2）日常临床检查。高烧、便秘、腹泻、精神沉郁、皮肤发黑的应予注意。

（3）日常剖检监测。监测肾脏、脾、膀胱、喉头、淋巴结、回盲瓣、肋间隙、皮下、皮肤等的病理变化情况。

（4）育肥猪屠宰检验。检验肾脏、脾、膀胱、喉头、淋巴结、回盲瓣、肋间隙、皮下、皮肤。

（5）传播媒介控制。蚊虫、蝇、鼠类控制，其他猪瘟病毒易感动物，如野猪等。

（6）封闭系统。人员、运猪车、饲料车的控制，其他物流的安全性，禁止使用猪同源制品。

（7）营养与免疫基础。妊娠母猪膘情，仔猪初生重、活力，哺乳仔猪生长速度、成活率，保育猪呼吸道病状况，育肥猪生长性能、呼吸道病状况。

（8）免疫缺陷疾病监测。圆环病毒、猪繁殖与呼吸综合征等。

（9）外环境。大区域猪瘟流行病学指标，水源安全性控制。

（10）消毒效果。消毒药选择，消毒药轮换程序，消毒程序的管理（物理、化学消毒），消毒效果检测。

（11）免疫管理。疫苗厂家、疫苗保存、稀释方法、注射方法，免疫接种严格按程序操作。

（12）饲养管理。全进全出、减少应激（操作、换料、环境、治疗、调教应激）、内环境（氨等有害气体、卫生死角、环境杂物、绿化）、饲养密度、通风、粉尘及尘埃、噪声、温度、湿度、迁移、混群等。

（13）药物管理。用药选择，用药计划与程序，药物购买，药物使用方法及注意事项、用药记录与分析。

（14）饲料管理。能量、维生素、氨基酸，有毒物质（霉变、变质鱼粉、菜籽粕）。

（二）疫情调查

通过现场调查、新媒体等多种方式对疫情进行调查，取得第一手资料，然后对材料进行分析处理，做出诊断。调查的内容应包括以下几个方面。

1. 流行情况

最初发病的时间、地点，随后蔓延的情况，目前的疫情分布。疫区内猪只饲养的数量和分布情况，病猪的数量、年龄、性别。查明其感染率、发病率和死亡率。

2. 疫情来源

本地过去有无发生类似的疫病，发生于何时何地，流行情况如何，是否经过确诊，有无历史资料可查，何时采取过何种防治措施，效果如何。如本地未发生过，附近地区是否发生，这次发病前是否由其他地方引进生猪、猪产品或饲料，输出地有无类似的疫病存在。

3. 传播途径和方式

本地生猪的饲养管理方法，生猪流动、收购以及防疫卫生情况，产地检疫、运输检疫、市场检疫和屠宰检疫的情况，病死猪处理情况，影响疫病传播蔓延的因素和控制疫病的经验，疫区的地理、地形、河流、交通、气候、植被和野生动物、节肢动物等的分布和活动情况，弄清这些因素与疫病发生及蔓延传播的关系。

4. 社情调查

该地区的政治、经济基本情况，群众生产和生活的基本情况和特点，畜牧兽医机构及其工作的基本情况，当地群众、畜牧兽医人员、饲养员对疫情的看法等。

（三）实验室诊断

1. 猪瘟兔体免疫交互实验

利用猪瘟野毒使家兔产生免疫力，不引起家兔体温反应；通过兔化猪瘟弱毒能使家兔产生定型发热反应的原理，判断被检测的病料中是野毒株还是弱化株，此办法比较敏感，但耗时较长。

2. 免疫荧光抗体实验

利用免疫荧光抗体对样品组织切片进行直接染色，通过显微镜观察荧光染色效果，判断样品组织中是否含有猪瘟病毒。

3. 免疫胶体金技术

利用免疫胶体金试纸条、免疫金层析技术、斑点免疫金渗滤法对样品组织进行检测，适用于地区大规模检测等方面。

4. 酶联免疫吸附实验

利用间接 ELISA、双抗体夹心 ELISA、Dot-ELISA 等多种方法检测生猪的血清抗体，具有较高的敏感性和特异性，而且实验操作比较简单方便。

5. 分子生物学检测技术

利用 RT‑PCR、荧光定量 PCR、RT‑LAMP 等方法对猪瘟病毒进行检测，此方法具有极高的敏感性、特异性、精准性，是目前常用的实验室检测方法。

6.基因芯片技术

利用 cDNA、寡核苷酸芯片、基因组芯片等进行 DNA 测序、病原检测、基因表达谱鉴定，判断样品组织中是否含有猪瘟病毒，目前此方法还在进一步研究中。

猪瘟的实验室诊断方法很多，每一种诊断方法的应用时机和诊断价值都有所不同，实践中应结合实际情况选择应用。

复习思考题

1.什么是免疫监测？

2.怎样判断机体对猪瘟病毒有保护力？

3.怎样进行猪瘟疫情调查？

二、防控技术

猪瘟防治是保障猪及其产品安全的一项系统工作，主要采取以预防为主的综合防控措施，包括消灭传染源、严格隔离、严格消毒、追踪监测、注射疫苗等。目前，主要使用的疫苗包括灭活疫苗（结晶紫灭活苗）、弱毒疫苗（C 株兔化弱毒疫苗、Thiveosal 冷变毒株疫苗、GPE- 细胞弱毒疫苗）、亚单位疫苗（CSF marker、Porcilis Pesti）、活载体疫苗（痘病毒载体、伪狂犬病毒载体、腺病毒载体等）、DNA疫苗、合成肽疫苗、标记疫苗等。现阶段常用的治疗手段主要有使用抗猪瘟血清和抗猪瘟球蛋白的特异性疗法、使用干扰素和白介素等细胞因子治疗以及使用中药以提高非特异性免疫力等。

（一）建立预防系统

1.制定科学的免疫程序

（1）母猪配种前免疫。母猪配种前 7~14天注射 1 次猪瘟疫苗，以使母猪在怀孕期间具有高度的免疫力来保护胎儿，并使初乳有较高的抗体水平，让乳猪能得到母源抗体的保护（见图 1.34）。

（2）母猪普免。每年按一定的时间间隔（3~6 个月）对所有母猪同时进行免疫，以保持所有母猪一致的抗体水平。

（3）种公猪免疫。种公猪每年免疫接种 2~3 次，保持常年高的抗体水平。

（4）商品猪免疫。商品猪在抗体开始下降时进行免疫，以缩短或避免免疫空白期。

（5）仔猪超前免疫（乳前免疫、零时免疫）。在初生仔猪颈侧肌肉丰满处注射猪瘟疫苗，注苗 60~90 分钟后再让其吃初乳。

图1.34　健康哺乳母猪与哺乳仔猪

（6）紧急免疫。发现可疑猪瘟病猪时，对假定健康猪群肌注猪瘟疫苗。

免疫程序制定需要考虑很多因素，猪场应该根据自身的免疫目标、猪群健康状况和抗体检测结果等综合确定。保证接种猪的抗体效价、防止免疫失败是关键。

常规免疫程序为首免在 30~35 日龄进行，二免在 70~75 日龄进行；后备母猪在配种前进行 2 次免疫，经产母猪和公猪每年免疫 2~3 次。同时，还应兼顾其他疫苗的免疫，如猪繁殖与呼吸综合征、猪伪狂犬病和圆环病毒病等疫苗免疫，才能获得较好的效果。

2. 加强检疫与监测

（1）产地检疫。即生猪生产地区的检疫。做好这些地区的检疫工作是控制生猪传染病的好办法。

（2）运输检疫。生猪及其产品在起运前必须经过兽医检疫，确认合格后签发检疫合格证。对在运输途中发生的病猪及其尸体，要就地进行无害化处理，对装运病猪的交通工具要彻底清洗消毒，运输生猪到达目的地后，要做隔离检疫工作，待观察判明确实无病时，才能与原有健康猪群混群。

（3）病原及抗体检测。主要利用实验室 PCR 检测方法监视猪群猪瘟病毒感染情况。对猪瘟抗体水平极高的种猪，进行穿刺采集扁桃体样品或抽取全血，提取病毒 RNA，采用 RT-PCR 或荧光定量 PCR 检测方法，检测病原，对阳性种猪予以淘汰。猪群猪瘟抗体检测采用知名度高的抗体检测试剂盒，按说明书要求进行检测。种猪群全检，对抗体不合格种猪进行补免 1~2 次，25~30 天后重新采血检测，仍不合格的予以淘汰。对于肉猪，采取抽检方式，群体抗体合格率应高于 80%，对于抗体不合格的应进行补免。

3. 加强生物安全

生物安全体系包括控制疫病在猪场中的传播，减少和消除疫病的发生等。生物安全体系是一个猪群管理策略，通过它来尽可能地减少引入病原，从现有环境中去除病原体。这是一种系统的、连续的管理方法，也是最有效、最经济的控制疫病发生和传播的方法。

（1）生产过程。猪只按照不同日龄分群，做好不同猪群间的隔离。在猪舍的入口处建立1个洗涤池，在母猪移入产仔猪舍之前，用无刺激性的消毒药和温水对母猪进行清洗；定期利用2个生产周期间的空舍期通过清扫和消毒，以打断病原自身的循环过程，防止疫病在猪群内传播。

（2）运输控制。进出生产场所的运输车辆必须经过清洗、消毒，实行严格的生产区运输工具管理。

（3）人员。谢绝参观活动，必须时参观者应与工作人员进场一样对待。会客要有离开生产场所的专用会客间。要重视电工、木工、水管工等工作人员的管理，不让他们与猪群接触。工作人员要使用消毒过的胶靴和工作服，对不同用处的工作服和胶靴要做出明显标记以示区别。

（4）消毒。规模化猪场必须有一整套完善的消毒制度，包括对猪场环境、内部工作人员和外来人员、进场的各类物品、场内外的运猪车辆进行消毒。猪场内各栋猪舍周边应每月彻底消毒1~2次，净道每周消毒1~2次，污道每周消毒2~3次。猪舍内的地面、墙壁、用具等，应定期消毒，特别是保育舍、母猪产房和育肥舍在空栏后应彻底清洗消毒，并空置1周，经再次消毒后使用。围栏、盛物筐、猪群之间的间隔设备，要进行清洗和消毒。风扇、天花板、给料器、饮水器也要定期清洗和消毒，角落更不能忽视。严格控制猪场生产人员进出猪场，人员外出入场前必须消毒、洗澡、更衣换鞋，还应进行隔离措施后才能进入生产区。严禁将市场上的猪肉及猪肉制品等带入猪场，禁止在猪场内饲养犬、猫、鸡、鸭、鹅等其他动物。外来运猪车必须经过严格清洗、消毒、烘干，方可进入生猪转运台。猪场使用的消毒剂应注意定期更换，轮换使用不同性质的消毒剂，以免病原产生耐药性。

（5）严控猪场内有害生物。猪场应制定规范的有害生物消杀计划及检查程序，定期进行灭鼠、灭蝇、灭蚊，还应防止猪场周边的啮齿类动物和鸟类进入。

（6）养殖废弃物的无害化处理。猪场生产过程中产生的废弃物通常是病原的聚集处，特别是发生疫病时更是如此，因此，必须严格进行无害化处理。病死猪必须进行高温处理、焚烧或严格消毒深埋；猪的粪便应及时清理并通过污道运至场外，利用生物发酵技术等进行处理制作有机肥料；猪场的污水必须排入专门的处理系统，经处理达标后方可排放或综合利用；猪场的废弃生物制品及使用过的医疗制品，必须集中存放，专人收集并进行无害化处理，或由有资质的第三方取走并进行无害化处理。

4. 加强猪场饲养管理

坚持自繁自养模式。规模化猪场应做到自繁自养，可以购进原种种猪培育后备母猪，严格按照引进种猪准入制度执行，对引进的种猪要在生产场所外至少隔离观察30天，严格做好检疫，在混群之前做1次检测，防止带毒后备猪进入生产线，保证引进的种猪和进入生产线的每头后备猪的猪瘟抗体水平合格。

对猪场的分娩舍、保育舍和生猪育肥舍严格执行猪群的全进全出，严禁高密度饲养，做好猪舍内和场内的环境卫生，维持良好的养殖环境。调节好猪舍内的温、湿度和空气质量，尽量避免应激导致猪的抵抗力下降而暴发一些条件性疾病。采用科学的饲料营养配方，为不同阶段的猪群提供全面的营养需求，从而提高猪群的抗病力，避免因饲料营养问题造成猪群的免疫抑制或抵抗力下降。

5. 改善猪场环境

养猪场远离人居生活区，位于较高处，全年大部分时间为上风处。建设时注重场内各功能区合理布局及隔断，净、污道应分开，排水设施合理，排水通畅，做到清洁养殖、绿色养殖。采用生物及生态方法，合理处理和利用粪便及废弃物（见图1.35）。

合理通风。加强环境管理和妥善处理粪尿污物，合理通风，排出水汽和污浊空气，尤其是在冬季，在保持适温的情况下，尽量通风。高湿度的污浊空气对猪的影响比低温还严重。要定期进行猪舍消毒，净化空气，消除和减少病原微生物。夏季猪舍内要装上湿帘或风机等机械通风设施，适时排出舍内的热浊空气，使舍内空气新鲜，猪只感到凉爽。

适宜温度。冬季做好舍内保温，加强猪舍门窗管理，风门加设门斗或门帘，防止孔洞和缝隙形成贼风。猪场可根据实际情况安装热风炉、火炉、火墙、烟道等保温设施。对产仔舍、仔猪区小环境的温度，要采用保温箱或红外线灯（或电热板）来控制。

图1.35　智能化保育猪舍

适宜密度。饲养密度直接影响猪舍内空气质量和卫生状况，饲养密度越大，猪只散发的热量越多，舍内气温越高，粉尘、微生物、有害气体的含量增高，噪声越大，热应激也增大。在组群时要适当控制饲养密度。

猪舍空气质量调控。猪舍常受臭味和浮尘的困扰。臭味主要来自氨、胺类、含氮环类、硫化氢、硫化甲基、硫醇类及挥发性酚类等。猪舍的空气质量常以含氮量来评定，猪舍内的含氮量应不高于

10毫克／米^3。提高饲料营养物质的消化吸收利用率是减少猪舍内恶臭和有害气体产生的基础。近年许多研究证明，使用优质生物发酵饲料能显著提高能量利用率，提高蛋白质吸收率，减少猪粪排出量，从而减少对土壤和水源的污染，减少臭味。

复习思考题

1. 怎样做好运输检疫？
2. 怎样进行猪场消毒工作？
3. 怎样加强猪场饲养管理？

第二篇

非洲猪瘟

GAIKUANG

第一章　概　况

　　非洲猪瘟（ASF）是由非洲猪瘟病毒（ASFV）感染家猪和野猪而引起的一种急性、出血性、烈性传染病。其特征是发病率和死亡率高，最急性和急性感染死亡率高达100％。临床表现为发热，心跳加快，呼吸困难，部分咳嗽，眼、鼻有浆液性或黏液性脓性分泌物，皮肤发绀，淋巴结、肾、胃肠黏膜明显出血。该病于1921年在肯尼亚首次报道，2018年8月3日，中国确诊首例非洲猪瘟疫情。非洲猪瘟与其他出血性疾病的症状和病变很相似，在生产现场难以区别，必须用实验室方法才能正确鉴别。目前暂无安全、有效、合法的商品化非洲猪瘟疫苗，生物安全和提高猪群非特异性免疫力是防控非洲猪瘟的关键。

　　非洲猪瘟是由非洲猪瘟病毒感染猪而引起的一种急性、烈性、高度接触性传染病，又称非洲猪瘟疫或疣猪病。在自然的丛林传播环节，软体的、无眼的蜱虫（也称为钝缘蜱）与非洲野生猪科动物都是非洲猪瘟病毒的天然储存宿主。猪科的所有物种都易感，但仅对家猪和野猪以及它们的近亲欧洲野猪致病。

　　非洲猪瘟有多种表现形式，有特急性、急性、亚急性、慢性和无明显症状。最常见是急性发病形式，致死率高达100%。

　　非洲猪瘟目前无有效疫苗和防治药物，是对养猪业危害最严重的疫病之一，严重危害着全球养猪业，造成难以估量的经济损失。世界动物卫生组织将其列为法定报告动物疫病，我国将其列为一类动物疫病，是当前我国动物疫病防控的重点对象。但非洲猪瘟不感染人，并非人畜共患病。

一、基本特点

（一）病毒特点

　　非洲猪瘟病毒是一种单分子线状双链DNA病毒，属于双链DNA病毒目，非洲猪瘟病毒科，非洲猪瘟病毒属成员，而且是唯一成员。非洲猪瘟病毒与猪瘟病毒是完全不同的两种病毒，非洲猪瘟病毒是一种具有20面体结构带囊模的双股DNA，病毒直径为172～220纳米，形似六角形（见图2.1）。

　　非洲猪瘟病毒至少有八个血清型，具有吸附猪红细胞特性。但细胞传代培养可以使病毒失去这种特性，抗血清也可以阻断此吸附特性。根据猪红细胞吸附特性，非洲猪瘟病毒可分为红细胞吸附性病毒和非红细胞吸附性病毒。当前流行的部分缺失毒株即为非红细胞吸附性病毒。

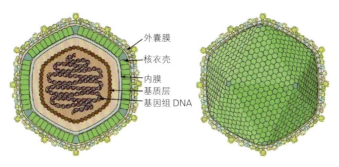

外囊膜
核衣壳
内膜
基质层
基因组 DNA

图2.1　非洲猪瘟病毒模型

1. 环境中的稳定性

非洲猪瘟病毒在低温条件下保持稳定，4℃时可存活 150 天以上，−20℃以下可存活数年；病毒在 25~37℃时可存活数周，但对高温抵抗力不强，56℃时 70 分钟或 60℃时 20 分钟可被灭活，100℃时可迅速被杀灭。室温条件下，病毒在血清中可存活 18 个月；病毒在冷冻的血液中可存活 6 年；37℃时，病毒可在血液中存活 1 个月；在 23℃及以下温度，病毒在血液和土壤混合物中能存活 4 个月；病毒在腐败的血液中能存活 15 周，在冰冻肉或尸体内可以存活 15 年。由于病毒在血液中的含量较高，且对外界抵抗力极强，因此含有非洲猪瘟病毒的血液样本是该病传播的高风险物质。在血液样本的处理、运输、保存过程中必须实施严格的生物安全管理措施。实验室条件下，−70℃存放的非洲猪瘟病毒能否保持感染性尚不确定；但 −20℃存放能被灭活。相对于 −20℃环境，4℃更能够维持病毒的感染活性。在缺乏蛋白质介质的环境中，病毒的存活能力大大降低。

非洲猪瘟病毒耐酸碱，能够在很广的 pH 值范围内存活。在 pH＝3.9~13.4 时能存活 2 小时以上。在 pH<3.9（强酸性环境）或 pH>11.5（强碱性环境）的无血清介质中能很快被灭活。但在有血清存在时，病毒抵抗力显著提高，如在 pH＝13.4（强碱性环境）的无血清情况下只能存活 21 小时，而有血清存在时则可存活 7 天。

在自然条件下，非洲猪瘟病毒可以在环境中长时间保持感染性。病毒在粪便中可存活 11 天以上，在腐败的血清中可存活 15 周，在腐败的骨髓中可存活数月。但不能从腐败的病料样品中分离到非洲猪瘟病毒。

非洲猪瘟是一种抗性非常强的病毒，对环境的抵抗力较强，有效消毒剂的种类较少。目前，最有效的消毒剂是10%的苯及苯酚。世界动物卫生组织推荐使用的其他消毒剂包括0.8%的氢氧化钠、含2.3%有效氯的次氯酸盐溶液、0.3%的福尔马林等。表2.1提供了物理和化学因素对非洲猪瘟的灭活效果。

表2.1　非洲猪瘟病毒对理化作用的抗性

理化指标	抵抗力
温度	对低温有很强的抵抗力，在56℃需要70分钟、60℃需要20分钟才能将病毒灭活
pH值	在无血清的培养基中，pH＜3.9或pH＞11.5才能灭活病毒；血清可以增加病毒的抵抗力，如在pH=13.4条件下，没有血清时只能存活21小时，而有血清时可以存活7天
化学成分/消毒剂	对乙醚和氯仿敏感，0.8%的氢氧化钠30分钟、含2.3%有效氯的次氯酸盐30分钟、0.3%的福尔马林30分钟、3%邻苯基苯酚30分钟和碘化合物都可以灭活病毒
存活力	能在血液、粪便和组织中存活很久，特别是生肉或没有全熟的肉制品，能在载体里繁殖

2. 宿主体内的稳定性

感染非洲猪瘟病毒后，家猪在出现症状前24~48小时可以承受感染病毒的袭扰。急性感染期，猪的组织、血液、分泌物和排泄物中均含有大量病毒。急性期感染后，存活猪数月内仍可以向体外排毒，但藏匿病毒的能力下降。野猪只有在淋巴结聚集具有感染水平的病毒量，其他组织一般在感染2个月后很难聚集有足够感染水平的病毒量。在野猪或家猪的淋巴组织中，具备感染能力的病毒滴度持续期尚不清楚，但不同个体间可能存在差异。

3. 动物产品中的稳定性

在冷冻肉等食品中，非洲猪瘟病毒能维持感染性不少于15周，最长可达1000天。在未经熟制的带骨肉、香肠、烟熏肉制品等中可存活3~6个月甚至更长时间，在冷冻肉中可存活数年，在餐厨剩余物（泔水）中存活时间较长，猪只接触处理不当的尸体、冷冻（或没有充分煮熟）的猪肉都可能存在非洲猪瘟病毒的风险（见表2.2）。

表2.2　非洲猪瘟病毒在环境及动物产品内存活时间

材料／产品	非洲猪瘟病毒存活时间／天
有骨头和没有骨头的肉及碎肉	105
咸肉	182
熟肉（70℃至少30分钟）	0
干肉	300
熏制和剔骨肉	30
冻结肉	1000
冷冻肉	100
内脏	105
皮肤／脂肪（即使干燥）	300
在4℃储存的血液	540
在室温下的粪便	11
腐烂的血液	105
被污染的猪圈	30

为杀灭肉制品中的感染性非洲猪瘟病毒，用感染非洲猪瘟病毒猪肉制备火腿应69℃加热3小时以上，或70~75℃加热30分钟以上；烟熏和添加香辣剂的香肠以及风干火腿，应32~49℃烟熏12小时以上，风干25~30天。

（二）非洲猪瘟的致病机制

细胞凋亡、消耗性凝血病以及迟发性超敏反应被认为是主要的致病机制。非洲猪瘟病毒可经过口和上呼吸道系统进入猪体，在鼻咽部或是扁桃体发生感染，病毒迅速蔓延到下颌淋巴结，通过淋巴和血液扩散至全身。与感染猪直接接触后的潜伏期为5~19天，被感染蜱叮咬后的潜伏期不超过5天，5~7天即出现典型症状。强毒感染时细胞变化很快，在呈现明显的刺激反应前，细胞都已死亡。弱毒感染时，刺激反应很容易观察到，细胞核变大，普遍发生有丝分裂。发病率通常在40%~85%，死亡率因感染的毒株不同而有所差异。高致病性毒株感染可导致猪在12~14天内100%死亡，病猪血液中的病毒含量大于10^8个／毫升，主要侵袭淋巴细胞，导致淋巴细胞凋亡、血管内皮细胞损伤和出血；中等致病性毒株在成年动物的死亡率为20%~40%，在幼年动物的死亡率为70%~80%；低致病性毒株死亡率为 10%～30%，偶见较低水平的病毒血症和体温升高，病毒可在感染康复猪体内持续存在。

（三）流行特点

迄今为止，只发现猪、野猪和钝缘蜱可自然感染非洲猪瘟病毒，非洲疣猪和南非野猪是非洲猪瘟的带毒者。病猪和带毒猪的各种分泌物和排泄物以及各个器官中均含有病毒，是该病的主要传染源，各年龄、品种的家猪均具有高度的易感性，主要通过消化道感染。除了猪和四月龄以下的小山羊可被实验感染以外，其他实验动物对非洲猪瘟病毒均不易感。

在没有野生猪科动物和蜱虫的情况下，家猪最常见的情况是病毒持续感染。该病毒可经口－鼻途径，通过接触感染动物的排泄物、分泌物，摄入猪肉或其他受污染的产品，或通过污染物间接传播。病毒从一个养殖场传播到另一个养殖场几乎完全是因为人的行为，如动物或设备的流动，饲喂污染的饲料等。这种传播途径需要大量猪群持续存在，以使病毒保持循环。然而，即使在没有感染猪群的情况下，有时病毒在冷藏或冷冻肉中也可以长期持续存在，并且一旦这些肉类产品以泔水形式饲喂家猪，疫病就会重新出现。

一个地区初次发生该病时，病程很急，发病率和病死率很高，病毒具有持续感染和逃避宿主免疫监视的能力。病毒在猪群中不断传代后，毒力有所减弱，病情也逐渐温和，出现一些亚急性、慢性、隐性的病猪，病程延长至数月，呈地方流行性。存活猪通常终身带毒，而其排泄物中则不再继续带毒。

复习思考题

1. 非洲猪瘟病毒有什么特点？
2. 非洲猪瘟的致病机制是什么？
3. 非洲猪瘟的流行特点有哪些？

二、现状与危害

（一）国内流行情况

2018年前，中国没有非洲猪瘟。2018年8月3日，辽宁省沈阳市确诊了第1例非洲猪瘟疫情，这对中国养猪业造成了"核弹级"的伤害。2018年，北京、天津、山西等23个省（区、市）发生非洲猪瘟99起，累计扑杀生猪80万头。2019年，河北、内蒙古、黑龙江等15个省（区、市）发生非洲猪瘟63起，累计扑杀生猪39万头。2020年，内蒙古、江苏、河南、湖北、重庆、四川、云南、陕西、甘肃等9个省（区、市）发生非洲猪瘟19起，累计扑杀生猪1.4万头。2021年，湖北、广东、四川、云南、新疆等6个省（区、市）发生非洲猪瘟6起。

截至2021年3月31日，我国已有29个省（区、市）共报告189起非洲猪瘟疫情，非洲猪瘟防控形势严峻。

（二）国外流行现状

非洲猪瘟1921年在肯尼亚被首次报道，一直存在于撒哈拉以南的非洲国家，1957年先后流传至西欧和拉美国家，多数被及时扑灭，但在葡萄牙、西班牙西南部和意大利的撒丁岛仍有流行。

2007年来，非洲猪瘟在全球多个国家发生、扩散和流行，特别是俄罗斯及其周边地区。迄今为止，报道发生过非洲猪瘟的国家共有数十个，主要集中在非洲、欧洲、美洲加勒比海地区和欧亚接壤地区。

最近几年，非洲仍不断有非洲猪瘟报告，每年有20多个非洲国家报道发生非洲猪瘟。非洲猪瘟在当地已难以根除，如控制不力，疫情还有向周边国家乃至全球扩散的趋势。

2007年来，欧亚接壤地区也频频暴发非洲猪瘟疫情。已先后有格鲁吉亚、亚美尼亚、阿塞拜疆、俄罗斯、乌克兰、白俄罗斯等国家发生了非洲猪瘟疫情。

2014年来，非洲猪瘟传入欧洲，立陶宛、波兰和拉脱维亚3个国家先后报告发生疫情，目前疫情仍在持续。

2020年，希腊和德国也先后报道发生非洲猪瘟疫情。目前，非洲猪瘟已经成为世界范围内广泛存在的疫病。

（三）危害

无论在非洲猪瘟新发生地区还是流行地区，疫情的暴发和流行都会对发病国家产生严重的社会经济影响。在非洲，存在非洲猪瘟的国家中，由于该病的发生，猪产品生产和贸易多年来受到了严重影响。但损失最为惨重的应是非洲贫穷的养猪户。由于资源匮乏，政府财政困难，很多疫情发生国家无力实施有效的预防和控制措施，也没有基本的生物安全保障。疫情发生后，由于没有足够的资金，政府补偿不到位，常常不能及时或长时间不能恢复养猪生产。例如科特迪瓦和马达加斯加，在非洲猪瘟传入后，分别有30%和50%猪只死亡，对当地养猪业造成重创。

非洲猪瘟不感染人，不会对人的生命构成直接威胁，但其会对食品安全带来严重的影响。很多非洲国家，尤其是在牛肉生产比较困难的国家，国民往往把猪肉及其相关制品作为重要的动物蛋白质来源。而猪能在相对较短的生产循环中将废弃的食物资源和农业生产中的副产品转化成高质量的蛋白质。猪瘟的发生导致猪只死亡或猪群的严重疾病，同时造成猪只生产能力的急剧下降，严重影响养猪生产，大大降低了猪产品的供应能力，从而改变当地居民的饮食结构，对人体健康间接造成危害。

非洲猪瘟传至非洲大陆外的其他国家同样会造成类似的影响。除引起大量猪只死亡以外，猪及其产品的贸易将受到严重影响。此外，为根除突发疫情，需要花费大量的人力、物力和财力，制定控制方案，采取扑灭和根除措施。在古巴，1980年疫情传入后，扑杀、根除疫情花费高达940万美元；在西班牙，仅仅在实施根除计划的最后5年就耗费940万美元；在俄罗斯，截至2013年9月，俄罗斯已经扑杀40多万头感染病猪，直接经济损失超过20亿卢布（约合2724万美元），间接经济损失达200亿~300亿卢布（约合2.7亿~4亿美元）。

非洲猪瘟根除难度大，许多国家往往要经过几十年的努力才能将该病根除，如疏忽控制，其还会死灰复燃。并且，野猪作为自然宿主，一旦介入感染循环链，会大大增加防控、根除的难度。由于非洲猪瘟是世界动物卫生组织规定的法定报告动物疫病，按照世界贸易组织的规定，一旦非洲猪瘟疫情发生，输入国将停止进口发病国的猪及其猪相关产品。因此，除了疾病控制带来的巨大损失外，猪及其产品的贸易损失也会更加严重。另外，疫情被扑灭后，发病国家的无疫认证过程常需要很长的时间，且在认证过程中不能对外出口猪及其产品，这进一步给染疫国家造成严重影响。

受非洲猪瘟疫情影响，我国生猪养殖产业也受到重创。第一，直接导致死亡，非洲猪瘟感染后猪只死亡率100%，且没有药物治疗。第二，扑杀损失，到2021年3月，非洲猪瘟发生区域发病猪场死亡数量和发病猪场周边扑杀数量约120多万头。第三，非洲猪瘟发生后，为防止疫情传播，相关部门禁止生猪、种猪跨省运输，导致产销区价格差增至历史之最。南方省份生猪养殖较少，猪肉供不应求且价格高；生猪主产区产值过剩、价格低迷，导致养猪企业亏损，不得不压缩养殖规模。第四，发生非洲猪瘟后，由于一些不当信息的传播，普通消费者会对猪肉产生恐惧心理，不敢食用猪肉。第五，由于害怕猪场感染病毒后生猪死亡造成猪场损失，猪场主纷纷提前抛售，甚至有部分猪场完全清场退出养殖。第六，非洲猪瘟疫情不仅影响普通的小猪场，还对种猪企业以及核心猪场产生了很大影响，很多企业为了防控疫情，同时应对跨省禁运，采取了减群、缩减规模等手段。

我国是养猪及猪肉消费大国，生猪出栏量、存栏量以及猪肉消费量均居全球首位，每年种猪及猪肉制品进口总量巨大，与多个国家贸易频繁。而且，我国与其他国家的旅客往来频繁，旅客携带的商品数量多、种类杂。因此，非洲猪瘟传入我国的风险日益加大，一旦扩散蔓延，其带来的直接以及间接损失将不可估量。

（四）发病症状

非洲猪瘟临床表现因感染毒株的毒力、感染剂量、感染途径、机体抵抗力的不同而有所差异。

非洲猪瘟野毒（强毒株）导致超急性和急性发病，死亡率高达100%。自然感染潜伏期5~9天，甚至更短，实验感染则为2~5天。病初体温升高至41~42℃，甚至更高。超急性型往往突然死亡，临床症状和器官病变都不明显。急性型病初尚有食欲，投料时作拱食状，但未真正进食，疑与咽喉肿痛有关。体温升高（40~42℃），嗜睡且虚弱，蜷缩在一起，精神沉郁，后肢麻痹（见图2.2、图2.3），显示出极度羸弱。咳嗽，呼吸困难，呼吸频率增加，鼻腔分泌大量黏液，有时

图2.2 育肥猪精神沉郁、喜卧、虚弱、耳朵、尾部出血　图2.3 育肥猪后肢麻痹

可见鼻、口腔呼出带血液的泡沫（见图2.4）。便秘或腹泻（见图2.5）。呕吐，排泄物可能带黏液或血液（见图2.6），尾根周围的区域可能被带血的粪便污染，有时可见从肛门流出鲜血（见图2.7）。浆液、黏液或脓性眼结膜炎。随着疾病进展，后期体温回归正常或下降而死亡。

怀孕母猪常发生流产，并且也是疾病暴发的第一个临床现象（见图2.8）。急性型往往于发热后第7天死亡，或症状出现后1~2天便死亡，容易与其他疫病相混淆，主要包括经典猪瘟、猪丹毒、沙门氏菌病以及其他原因引起的败血症，须依靠实验室检测确诊鉴别。

图2.4　鼻腔流血，呼出带血的泡沫
图2.5　体表脸颊、四肢外侧、腹下
　　　　出血，口吐鲜血
图2.6　呕吐
图2.7　大猪便血
图2.8　母猪流产死胎

非洲猪瘟变异毒株包括基因缺失株（包括野疫苗毒株）、自然变异株、自然弱毒株等，与传统的流行毒株相比，该类毒株的基因组序列、致病力等发生明显变化。

中等毒力毒株能造成多种临床症状（急性、亚急性和慢性），死亡率为30%～70%，病程5～30天。体温波动无规律，一般高于40.5℃。感染猪精神沉郁和食欲缺乏；行走时四肢关节可能会出现疼痛，关节通常会因积液和纤维化而肿胀。感染猪有时出现呼吸困难和肺炎症状，部分咳嗽，眼、鼻有浆性、黏性或脓性分泌物，在四肢、耳朵、腹部、胸部和会阴部能看到明显的皮肤发红和皮疹（尤其是耳朵和体侧的皮肤），可能还会出现血肿和一些坏死组织（见图2.9）。

图2.9 育肥猪耳朵出血，全身发红，精神沉郁

妊娠母猪可能流产。受感染的猪可能会不同程度地表现出一种或几种临床症状。

生猪感染低毒力毒株后，病毒潜伏期延长，临床表现轻微，死亡率为10%～30%。常表现为感染后14～21天开始轻度体温升高，呼吸困难，湿咳，采食量下降、体表发红、皮肤坏死、淋巴结肿大、肺炎，消瘦或发育迟缓，体弱，毛色暗淡（见图2.10）；后期可出现关节肿胀、皮肤出血型坏死灶（见图2.11），少数皮肤苍白。感染母猪产仔性能下降，产死胎、木乃伊、胚胎死亡、不育及流产，流产胎儿全身水肿，皮肤、心肌、肝脏和胎盘可见点状出血，初生仔猪活力差，如果存活到生长育肥阶段，会排毒感染其他猪只。

（五）病理变化

非洲猪瘟有很多种组织病变，这取决于毒株的毒力。强毒株和一些中等毒力毒株感染以广泛性的出血、败血性脾炎和淋巴组织的坏死

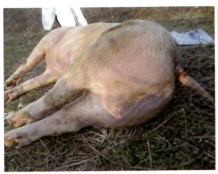 

图2.10　大猪全身败血，皮肤黄疸　　　　图2.11　母猪全身败血

为病变特征，弱毒株感染往往病变很轻或病变不典型。病变发生的主要部位包括脾脏、淋巴结、肾脏、心脏、肠道等。脾脏呈现暗黑色肿大、梗死和变脆，切面突起，有时可见被膜下出血的大梗死灶。有约7%病猪的脾脏发生小而暗红色突起三角形栓塞。淋巴结出血、水肿、易碎，经常类似暗红色血肿。由于充血和被膜下出血，淋巴结切面外观呈大理石样变。

　　亚急性病例血液中血小板减少，导致凝血不良（见图2.12）。

　　脑膜、脉络膜、脑组织发生较为严重的充血。喉、会厌部有瘀斑充血及扩散性出血。胸腔积液及胸膜斑点状出血、肺水肿。带有出血

图2.12　注射部位针孔处流血不止（凝血不良）

的浆液性心包积液，心内、外膜可见斑点状出血（见图2.13、图2.14）。腹腔内浆液性出血性渗出物（见图2.15），整个消化道黏膜水肿、出血。肝充血或斑点状出血，胆囊充血。脾脏异常肿大，髓质肿胀区呈深紫黑色。脾脏出血性肿大是强毒株感染的主要特征病变（见图2.16）。肾脏表面及切面皮质部有斑点状出血，肾盂也有点状出血。膀胱黏膜斑点状出血（见图2.17）。

变异株感染的主要病变特征是肾脏出血明显且更广泛，淋巴结出血、水肿和易碎，表现为深红色血肿（见图2.18）。脾脏初始表现为部分充血性脾肿大，逐渐转归，留下一些病灶损害，最终消失。纤维素胸膜炎、胸膜粘连、干酪样肺炎和淋巴网状组织增生，肺部水肿、出血（见图2.19），个别病例可见间质性肺炎。腹水、心包积液以及胆囊和胆管壁的特征性水肿，坏死性皮肤病变也很常见。

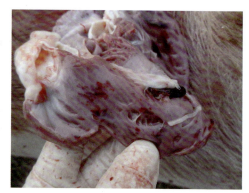

图2.13　心内膜斑点状出血

图2.14　心耳出血

图2.15　膀胱黏膜出血

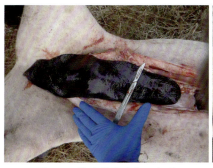

图2.16 脾脏异常肿大、发黑

图2.17 保育猪腹腔多量出血（鲜血）

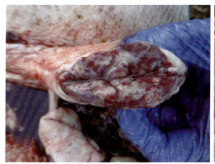

图2.18 淋巴结肿大出血，切面多汁

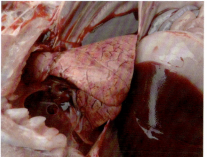

图2.19 保育猪肺部点状出血

复习思考题

1. 目前国内非洲猪瘟的流行情况如何？

2. 非洲猪瘟有哪些危害？

3. 急性型非洲猪瘟有哪些临床表现？

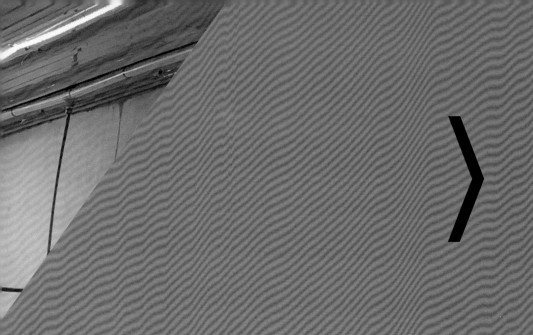

第二章　传染与传播

　　家猪对非洲猪瘟高度易感，猪群一旦感染，传播迅速。发病猪、带毒猪和携带ASFV的组织、血液、各种分泌物和排泄物都是非洲猪瘟的传染源，带ASFV的生肉或肉制品、加工废弃物以及被污染的饲料、工具、车辆、设备等均可成为传染源。未经正确处理的感染家猪和野猪尸体也会造成非洲猪瘟的传播和流行。亚临床感染猪、慢性感染猪和康复猪在非洲猪瘟的流行过程中扮演着重要的角色。ASFV主要经过消化道和呼吸道侵入猪体。感染猪与易感猪间的接触，食用含ASFV的猪肉制品或泔水，被携带ASFV的蜱叮咬，接触含有ASFV的血液、粪便、尿液、唾液等，接触污染了ASFV的垫料、饲料、设备、衣服和靴子、交通工具等均可传播。气溶胶也可短距离传播。

一、传染源

感染猪、野猪和软蜱是 ASFV 的自然宿主和重要传染源。此外，ASFV 存在于感染猪的各种组织脏器中，并随唾液、眼泪、尿液、粪便和生殖道分泌物等排出体外，进而污染环境和各种媒介，易感猪接触后引起发病。

（一）感染猪及耐过猪

急性发病猪体内各脏器中均含有高滴度病毒，并随分泌物和排泄物排出体外，感染易感猪只。此外，虽然 ASFV 急性感染后致死率极高，但是，如果感染猪（包括野猪）耐过，则会成为外表健康的病毒携带者，ASFV 会在其组织、唾液和血液中持久存在，成为病毒传播源。

（二）野猪

与非洲的疣猪、薮猪、巨林猪等不同，欧亚野猪缺乏对 ASFV 的抵抗力，一旦感染，致死率极高。2014 年以来，在欧洲报道的 ASFV 病例中，有 95% 的病例是野猪感染，且在没有家猪存在的情况下，通过野猪之间的传播，维持了 ASF 的持续发生。迄今为止，我国也已发生多起野猪感染 ASFV 的病例。在感染野猪的尸体和环境中，ASFV 可以持续存在长达数月，一旦被其他的食肉动物或鸟类，如流浪狗、狐狸、浣熊、乌鸦以及老鹰等捕食，会通过机械性携带扩散病原。同时，人类的一些行为，如捕猎、游玩等，也会增加接触感染野猪的机会，成为病毒的携带者，间接传播给易感生猪。

（三）节肢动物

钝缘蜱属的软蜱是 ASFV 的储存库和传染源，其他飞行类昆虫可作为病毒的机械性携带者传播病毒。虽然钝缘蜱在我国的分布尚不明确，但我国一些养猪场内存在着大量的蚊蝇等节肢动物，它们是 ASFV 潜在的重要传染源。

1. 软蜱

ASFV 只在钝缘蜱属的软蜱体内复制，并成为病毒的储存库，经叮咬易感猪或被摄食引起感染。易感蜱在饱血后第四周出现病毒复制并保持高病毒滴度和长时间带毒，在感染 469 天后仍可感染猪。

2. 蝇类

在欧洲，ASF 的发生有着明显的季节性，主要流行于 7—9 月，推测与夏季吸血昆虫（如蝇虫、蚊类）的频繁活动有关。

（四）其他虫体

吸血类寄生虫在吸食 ASFV 感染猪血液后，病毒会保持长时间的感染性。例如水蛭，在喂食感染猪血液和养殖在 ASFV 污染的水源中时，其体内及其分泌排泄物中均可检测到感染性 ASFV，核酸检出时间分别为 150~160 天和 140~150 天。易感猪在经口摄入养殖 60~80 天的水蛭后仍可感染发病，但潜伏期明显变长（12~15 天），表明水蛭等虫体可作为 ASFV 的储存库。

（五）猪源产品

1. 感染猪肉、脏器

感染猪肉、脏器以及由此产生的餐厨剩余物是 ASFV 远距离传播的最主要途径。2007 年，格鲁吉亚发生 ASF，起因是波蒂港国际轮船携带的 ASFV 污染猪肉未经妥善处置后饲喂易感生猪导致。事实上，1957 年葡萄牙、1971 年古巴、1978 年巴西以及 1985 年比利时发生的 ASF，均由来自疫区的餐厨剩余物饲喂易感猪引起。研究表明，ASFV 在冷冻的生肉和内脏中可保持存活超过 1000 天，当保存于 4~8℃时，病毒存活期为 84~155 天；感染脾脏保存于冰箱中，病毒可存活 204 天；在带骨肉的骨髓中，病毒可存活 180~188 天；病毒在皮肤和脂肪中可存活达 300 天，在内脏中存活达 105 天；在 4℃条件下，病毒在血液中存活可达 1 年。

2. 干腌肉制品

传统观念中，经过熟化的肉制品可有效灭活病原微生物，是安全的食品。但对 ASFV 而言，腌制、风干等非加热熟化的过程并不能有效灭活病毒。

3. 血液、分泌物和排泄物

血液、口腔、鼻腔和肛拭子均可检测到病毒核酸，因此，即使是少量的分泌物污染到衣服、鞋靴以及一些器具，也可造成病毒传播。除污染环境外，猪血液常被用于制备血球粉和血浆粉。虽然目前尚无证据表明血浆蛋白粉可传播病毒，但由其引起的传播风险不容忽视。

（六）环境

ASFV 可经过污染的水源发生传播，病毒在水中存活时间较短（通常几天内失活），且与水的温度紧密相关。此外，感染猪和野猪死亡后，病毒会随尸体腐败产生的液体渗透于地下，污染周边的土壤。

（七）饲料

饲料和饲料组分是 ASFV 跨界、跨大陆远距离传播的重要传染来源。2014年拉脱维亚发生 ASF，溯源分析表明，其传染源就是受病毒污染的鲜草和谷物。ASFV 在饲料组分中（如传统大豆粉、有机大豆粉、豆油饼、胆碱等）可长时间保持感染性，进而通过航运或者海运发生远距离传播。

复习思考题

1. 野猪会传播非洲猪瘟病毒吗？
2. 非洲猪瘟的传染源有哪些？
3. 饲料在非洲猪瘟病毒的传播过程中起了什么作用？

二、传播途径与方式

（一）传播途径

ASFV 主要的传播途径是直接接触传播和间接接触传播。直接接触传播是指易感猪接触感染猪，或者易感猪接触感染猪排出的体液和分泌物进而发生传播。间接接触传播则是指易感猪接触病毒污染的饲料、猪肉及其制品、人员、车辆以及粪便，进而造成 ASFV 的感染和传播。在 ASF 呈地方流行的地区，ASFV 还会感染钝缘蜱属的软蜱，从而间接传播到易感生猪。

1. 直接接触传播

感染猪与易感猪直接接触是 ASFV 最常见、最有效的传播途径。养殖场发生 ASF 后，病毒传播速度与猪群饲养的密度、相互之间接触的概率呈正相关。感染猪排泄物中病毒的存活时间主要与温度有关，条件合适时，ASFV 可长期保持感染性，这就增加了疫病发生的风险，特别是生物安全水平较低的养殖场，ASFV 可以长期存在，随时可能引起 ASF 的发生和流行。

在非洲猪瘟疫情流行期间，猪场引种、购进猪苗、外售猪、淘汰猪及场内猪调运时容易让健康猪群感染病毒，造成疫情扩散的风险最大。欧盟在非洲猪瘟防控过程中提出，病死猪及可疑地区猪群是非洲猪瘟暴发期间的重要风险点，并强调猪场引种引入无健康等级和非洲猪瘟阴性证明的猪只将存在传入非洲猪瘟的风险。

2. 间接接触传播

对 ASFV 流行病学调查的结果显示，除直接接触传播外，ASFV可经过污染的饲料、泔水、衣服、鞋靴、车辆、垫料、各种器具以及人员携带等途径发生间接接触传播。间接接触传播也是病毒发生远距离、跳跃式传播的最主要途径。2018 年 8 月至 2019 年 12 月，我国ASF 疫情的发生呈现出跨度大、传播快的特点。ASFV 在短短数月时间内即传遍全国，其传播速度非常快。流行病学分析结果表明，我国 ASFV 主要的传播途径就是通过携带病毒的人员、车辆以及生猪调运等人类活动造成的间接传播。因此，对生猪贩运人员和车辆进行严格消毒，严厉打击生猪非法贩运，是阻止 ASFV 远距离传播的重要措施。此外，ASFV 感染的猪肉及其制品经国际贸易、走私等方式进行流通也是病毒侵入新发地区的重要途径。

（1）车辆。目前有些猪场运输饲料时允许商业化料车进入生产区内，若消毒不全，具有巨大的交叉污染风险。为减少外来料车进入猪场生产区带来的风险，场区边缘地带需要设置饲料中转站，每栋猪舍饲料由饲料中转站通过本场机械设备输送。外来料车运送饲料至饲料中转站时也应对料车消毒。

运猪车，包括猪苗和种猪运输车、出栏猪运输车、淘汰猪运输车及拉猪粪和其他废弃物的车辆，均是传播该病的重大风险点。场区在引种时需通过猪苗运输车引入仔猪，场外引种距离不宜过远，距离越远，在运输途中感染的风险越大；全封闭运输车能够减少运输途中感染的风险。运输车进入场区前需在洗消中心仔细消毒，检测合格后抵达场区，通过转猪台将猪苗转入场区，换用场区内部运猪车送入生产舍。育肥猪出栏时，指定的场外出栏运输车经洗消中心消毒检测合格后到达场区等候，猪只通过场内车辆经转猪台送至出栏运输车。无论引种还是出栏，场外车辆严格消毒后于场区大门外等候，不得进入场内，猪只通过出猪中转台通道进出，内外车辆严格分开。可在场外建立烘干房，对于必须入场的车辆进行烘干消毒。

（2）人员。人员（包括场区工作人员和外来人员）的鞋、靴及衣物等可携带非洲猪瘟病毒。人员进入场区前需严格隔离，包括场外和场内生活区隔离。场内工作人员严格按照生物安全制度进行生产，进出生产区需淋浴、更换工作服。生产工具专栏专用，减少人为造成的交叉污染。外来人员须按照程序进行隔离、淋浴、更换工作服，并在场内工作人员的陪同下进行操作，防止出现违反生物安全的危险操作。

（3）物资。猪场日常所需的生活用品、办公用品、生产用品及人员随身物品等物资都有可能在非洲猪瘟暴发期携带病毒，对猪场流通的物资进行严格管理显得尤为重要。非洲猪瘟病毒对外界抵抗力非常强，根据不同物资属性要采取不同存放时间和消毒方法，包括干燥、熏蒸、臭氧消毒、浸泡消毒、酒精擦拭等。所有入场物品需去除外包装，仅保留内包装，彻底消毒后方可进场，确保物品不是来自其他畜禽养殖场、非洲猪瘟疫区、屠宰场、农贸市场和病原微生物实验室的敏感区域。

（4）食品。非洲猪瘟病毒有较强的环境稳定性以及动物感染后较长的潜伏期，而且潜伏期可以排毒感染其他易感动物，明显增大了其传播的风险。由于非洲猪瘟病毒能够在受污染的各类食物中，尤其在肉制品中长期存在。因此，它们可以作为病原体越境甚至跨大陆传播的媒介。这种传播模式是非洲猪瘟病毒进入无疫地区的最常见途径之一。

（5）饲料。污染的猪肉及其制品经餐厨剩余物（泔水）这条传播链传入是中小规模猪场感染的重要方式之一。从世界范围来看，多年的非洲猪瘟防控实践表明，餐厨剩余物饲喂生猪是非洲猪瘟传播的重要途径。国外有专家对2008—2012年查明的219起非洲猪瘟疫情进行分析发现，45.6%的疫情系饲喂餐厨剩余物引起。在我国，非洲猪瘟暴发初期，饲喂餐厨剩余物也是非洲猪瘟疫情在中小猪场传播的重要因素，经专家对疫情发生原因调查分析发现，2018年暴发初期发生的前21起非洲猪瘟疫情中，有62%的疫情与饲喂餐厨剩余物有关。这些疫情多分布在城乡接合部，往往呈多点集中发生，尤以安徽省最初的几起疫情表现明显。但在规模化猪场所发生的疫情中，并未发现饲喂餐厨剩余物造成传播的情况。我国在非洲猪瘟疫情发生后，农业农村部迅速明文规定在全国范围内全面禁止用餐厨剩余物饲喂生猪。

除餐厨剩余物外，其他饲料若被非洲猪瘟病毒污染后也将使采食的猪只感染。拉脱维亚2014年开始暴发非洲猪瘟，该国及其他国家专家分析出暴发的主要原因为生物安全措施较差，无法阻断非洲猪瘟的传播，如被病毒污染的饲料喂猪导致感染发生。

猪血粉作为饲料原料，存在传播非洲猪瘟病毒的巨大风险。中国农业科学院哈尔滨兽医研究所国家非洲猪瘟专业实验室发现，引起黑龙江佳木斯疫情的Pig/HLJ/18株与同时期辽宁猪血粉中污染的非洲猪瘟病毒（DB/SY/18株）的基因组序列完全一致。在猪血粉生产过程中，若原料中有阳性样品，即便成分在高温下灭活，血粉在制备、包装运输过程中也极易受原料血液的污染，成为传播风险点，应予以高度重视。

我国禁止饲喂泔水，且在养猪户严格遵守规定的前提下，为防止饲料中添加的血粉在某一个环节出现问题而存在非洲猪瘟病毒传播风险，在猪舍饲喂末端会将含有猪血粉添加剂的饲料重新加热，加热温度70~100℃，保持至少30分钟，以减少或者杜绝因添加猪血粉商品饲料而引起非洲猪瘟暴发的风险。但猪场需要配套加热设备并消耗加热能源。另外，某些猪场可能会饲喂猪青绿饲料，要保证饲料不被可能携带非洲猪瘟病毒的动物接触。

（6）水源。目前，尚未有猪通过饮水感染非洲猪瘟的确切报道，但尼日利亚的一篇论文指出，如果是开放式水源，其可能被野鸟等携带非洲猪瘟病毒的动物污染，具有传播非洲猪瘟的风险。同时，有报道称水蛭可能是非洲猪瘟病毒的储藏宿主，具有传播非洲猪瘟的风险。猪场供水方式一般为地下水水井—变频水泵（水塔）—供水管路—饮水器—猪，这样不易被其他动物污染。但是在曾经发生过疫情且病死猪采取深埋处理方案的疫点，尚无所埋猪携带的非洲猪瘟病毒能否对地下水造成污染或污染能持续多久的研究报道。

非洲猪瘟病毒是一种具有双层囊膜的双链DNA病毒，环境稳定性和酸碱耐受性较强。因此，仅靠改变猪场饮水的酸碱性作用不大，还需配合其他净化消毒方式保障饮用水安全。同时，栏舍冲洗的水源也应注意防范非洲猪瘟病毒污染。

（7）精液。公猪感染后，可通过精液传播病毒。已有研究表明，非洲猪瘟病毒可在精液中长期存活，如果精液受到污染，随人工授精传播给母猪，可导致大规模的感染，引起疫情暴发。同时，如果缺少有效的检测和发现，非洲猪瘟病毒可以随冻精的调运和流动长距离的传播，因此对精液的定期检测十分重要。

（8）气溶胶传播。早期研究资料显示，非洲猪瘟病毒通过气溶胶传播的距离较短，主要局限在近距离（2~3米）。但在疫情发生猪场，猪舍机械通风的排风口处可检测到非洲猪瘟病毒，因此，推测通过气溶胶传播可能是非洲猪瘟在猪场内传播的一种方式。感染猪，特别是急性病例，打喷嚏、咳嗽或者粪尿飞溅等均会造成病毒附着于气溶胶，进而通过空气发生传播。但是气溶胶在猪场之间传播的可能性较小。

非洲猪瘟一般不会通过空气远距离传播。因此，若想仅通过空气过滤来抵御非洲猪瘟，意义不大。我国多数猪场内的猪舍粪沟相通、人员串舍时有发生，仅通过空气过滤无法杜绝舍与舍之间的传播，但带空气过滤的猪舍对其他可经气溶胶传播的疫病具有较好的阻断作用，有条件的猪场可考虑安装，如公猪站和种猪场等。

（9）蚊、蝇、鼠、鸟。2014年来，非洲猪瘟传播到西欧地区，丹麦兽医专家Mellor等人通过非洲猪瘟病毒阳性血液的蚊蝇饲喂试验证明，蚊蝇（又名吸血厩蝇、厩螫蝇）可以机械地携带非洲猪瘟病毒，苍蝇能够在吞食非洲猪瘟病毒感染血液后24小时内机械地传播病毒。此外，Olesen等人最近的一项研究证实，猪的感染也可能发生在口服喂饲非洲猪瘟病毒感染血液的苍蝇之后，推测蚊蝇具有传播非洲猪瘟的风险性。吸血厩蝇可能是短距离传播的一种可能途径（如农场的内部传播），而较大的马蝇，如虻科苍蝇，飞行范围较大，存在较长距离传播非洲猪瘟病毒（如农场和农场之间的传播）的风险。已有证据表明，从发病猪场捕获的苍蝇、蚊、鼠中可检测出非洲猪瘟病毒。所以除了软蜱之外，也要防止苍蝇、蟑螂、蚊虫、鼠等进入猪舍，故需及时清除。

（二）传播方式

非洲猪瘟病毒在野生动物之间、野生动物与家养动物之间以及在家养动物之间等的传播方式各有特点，归纳起来主要有以下四种传播方式。

1. 丛林传播循环

丛林传播循环在非洲南部和东部有很多记载，它涉及非洲猪瘟病毒的天然宿主——疣猪和蜱虫。疣猪在洞穴中被软蜱感染，在短暂的病毒血症期间，蜱虫通过吸血感染非洲猪瘟病毒。疣猪在之后的生活中处于非洲猪瘟病毒的潜伏感染，并不表现任何临床症状，疣猪之间的水平传播和垂直传播能力较弱，主要依靠软蜱来实现病毒的循环。蜱虫一次吸血进食感染非洲猪瘟病毒后，病毒可在其体内保持感染性长达15个月，这就为感染下一批分娩的幼年疣猪提供了条件。

在有疣猪和软蜱的区域，野猪的感染率非常高，但两者的存在并不意味着丛林传播循环就一定存在。如在非洲西部，疣猪和软蜱同时存在，但很少发现两者是携带非洲猪瘟病毒的。

2. 蜱—猪循环

蜱虫吸吮有病毒血症的动物后，所携带的感染性病毒可达数月或数年之久。在非洲和伊比利亚半岛，猪舍内经常发现当地一种叫作游走钝软蜱的蜱虫，这种蜱虫通过吸吮猪血来传播非洲猪瘟，导致非洲猪瘟长期存在。而且当地养猪主要采取开放性的散养形式，因此软蜱对于该病的传播起着重要作用。在西班牙的某些区域，非洲猪瘟的暴发与钝缘蜱的存在有很强的相关性。在葡萄牙，一个先前被感染的猪群在1999年再次暴发非洲猪瘟，其原因就是携带病毒的蜱虫存在于该场，并持续感染猪群。在马达加斯加一个空栏时间长达4年的猪场中，非洲猪瘟病毒仍然可以从场内的蜱虫中分离出来。这就说明，只有蜱虫真正在场内被彻底消灭后才能降低猪群感染非洲猪瘟病毒的风险。

有蜱虫的区域也并不意味着蜱—猪循环就一定存在。高加索地区和俄罗斯也报道了钝缘蜱属蜱虫的存在，但没有证据表明蜱在当地非洲猪瘟的流行过程中起主要作用。

3. 家猪循环

生猪贸易或转运，生物安全措施的缺失，是非洲猪瘟在地方扩散的主要原因。一些临床的研究也证实了非洲猪瘟在猪场得以暴发的风险因素包括自由放养、猪场之前发生过非洲猪瘟、猪场附近有感染的猪只或屠宰场、生猪转运和人员拜访。在俄罗斯，研究人员通过空间回归分析发现，路面交通、水源和家猪的密度与非洲猪瘟的暴发具有相关性，而空间扩展模型发现感染动物的转运是非洲猪瘟扩散的最主要风险因素。在怀疑非洲猪瘟暴发，而尚未清楚猪群临床症状时，紧急售卖猪只的行为会加剧疫病在国内猪群的扩散。目前，我国主要关注家猪循环，一旦非洲猪瘟病毒进入家猪群，它可以在地方、区域甚至国家的水平上通过直接接触或与污染物接触传播。

　　另外，实验室的研究提供了非洲猪瘟病毒在猪血液、分泌物和排泄物中的病毒滴度。用高毒力或中等毒力的非洲猪瘟病毒流行毒株感染猪只后，血液中最高病毒滴度可达 10^9 HAD$_{50}$/ 毫升（HAD$_{50}$ 为半数红细胞吸附），口腔液、尿液和粪便中最高病毒滴度可达 10^5 HAD$_{50}$/ 毫升。30% ~50% 的猪只在感染中等毒力非洲猪瘟病毒后，虽然在临床症状上可以恢复，但病毒 DNA 可以在感染后 4~70 天的空气样品中持续检测到。一些实验室的研究也证实了与直接接触感染家猪是非洲猪瘟病毒传播的一个有效方式。当将易感猪只与感染了非洲猪瘟病毒的猪只放在一起后，通过直接接触，1~9 天就会被感染；但当将易感猪只和感染猪只之间用固体的隔离物分开阻挡后，易感猪只的感染时间推迟到 6~15 天。

4. 野猪—栖息地循环

　　野猪—栖息地循环包括野猪与感染野猪之间的直接传播以及污染的栖息地与野猪之间的间接传播。栖息地的污染包括感染野猪或家猪尸体、以尸体为食的动物间的相互扩散、猪场人员或猎人不合理丢弃感染动物尸体等多种方式，这种污染根据不同地形、时间、季节和尸体腐化程度而使高病毒载量和低病毒载量的非洲猪瘟病毒感染同时存在。在疫病暴发期间，地理位置、生态环境、气象状态和野猪的数量都影响着流行情况，而且每一个因素都与野猪—栖息地循环的存在相关。比如一些非洲猪瘟案例中，野猪的死亡发生在受非洲猪瘟影响的猪场旁边；邻国的边界上有很多野猪的尸体，可能是因为一个区域的过度狩猎导致了野猪逃亡，野猪的活动区域扩大，从而使非洲猪瘟病毒向更远的地方扩散。

虽然有些报道称野猪群密度与非洲猪瘟感染呈正相关，但非洲猪瘟病毒在环境中优越的生存能力并不适合密度依赖性的传播模式，即非洲猪瘟能够在不管野猪群大小的情况下持续存在。但非洲猪瘟病毒在野猪群体里持续存在也是不太确定的，如俄罗斯西南地区野猪群体中的非洲猪瘟案例没有空间和时间的相关性，说明野猪群体中并没有非洲猪瘟病毒的持续存在。

除了上述的四种主要循环外，还有一些潜在的风险也越来越受到重视，如污染物或饲料—家猪的循环。在俄罗斯和立陶宛，大量非洲猪瘟暴发的原因被归咎于违反生物安全规则，如不合理的衣服和靴子消毒程序或将污染的食物带进了猪场里；打猎的猪场人员也增加了非洲猪瘟病毒进入猪场的风险，特别是在处理被病毒感染的野猪尸体过程中。拉脱维亚和立陶宛的调查也证实了，被非洲猪瘟病毒阳性野猪分泌物污染的草和草籽是家庭农场猪群被感染的潜在源头。在俄罗斯和拉脱维亚检测的42个猪肉产品样本中，有6个是非洲猪瘟病毒基因组阳性，因此，泔水饲喂这种生产方式是非洲猪瘟病毒感染家猪的重要传播途径，这也解释了为什么俄罗斯非洲猪瘟暴发时，首先发生在家庭农场或自由放养的猪场，最后才在大的商品猪场暴发。在中国，对68起家猪疫情进行了系统调查后得出，传播途径主要有三种：一是生猪及其产品跨区域调运，占所调查疫情的约19%；二是餐厨剩余物喂猪，约占所调查疫情的35%；三是人员与车辆带毒传播，约占所调查疫情的46%。

复习思考题

1. 非洲猪瘟病毒是怎么样通过直接接触传播的？
2. 怎样防止车辆传播非洲猪瘟病毒？
3. 什么是蜱—猪循环传播方式？

三、易感动物

（一）野猪

非洲疣猪属于猪科疣猪属，广泛分布于撒哈拉以南的非洲地区。疣猪被认为是非洲猪瘟病毒的原始宿主，它与钝缘蜱一起构成了丛林传播循环。在非洲，疣猪分布广泛，易与家猪和钝缘蜱接触，因此它为最重要的非洲猪瘟病毒宿主。在洞穴中，哺乳疣猪会被携带病毒的钝缘蜱叮咬而感染，之后在产生病毒血症期间，其他非洲猪瘟病毒阴性的蜱虫通过疣猪叮咬又被感染。病毒血症通常为2~3周，随后病毒持续存在于淋巴结中。幼年疣猪感染后恢复正常，无任何临床症状。

在欧洲，野猪和家猪对非洲猪瘟病毒有相似的易感性。伊比利亚半岛、撒丁岛、古巴、毛里求斯和俄罗斯都有野猪感染的案例。非洲猪瘟在野猪群中暴发并消失后，仍可通过直接接触感染的家猪、污染物或摄入被感染的尸体而再次感染，导致非洲猪瘟在野猪群中不断循环传染。

（二）家猪

家猪对非洲猪瘟高度易感，各种品种和日龄的家猪都可感染。根据感染毒株的毒力不同，病程从特急性到亚临床感染不等（见图2.20）。亚临床感染、慢性感染或者临床康复的猪群在非洲猪瘟的流行过程中扮演了一个非常重要的角色。虽然目前没有证据表明感染猪只能终生带毒，但它能够把非洲猪瘟病毒通过直接接触，或间接通过软蜱与摄入污染的肉（肉制品）传播给易感猪只。

非洲猪瘟到达一个新的区域或猪群时，通常伴随着猪只的高死亡率和快速扩散暴发。然而在已经发病的区域，低死亡率和亚临床感染或慢性感染变得越来越普遍。在非洲和伊比利亚半岛，非洲猪瘟的亚临床感染比较常见，这是由当地低毒力非洲猪瘟病毒的流行和减毒活疫苗的使用导致。

图2.20　病初发热，皮肤发红

（三）软蜱

蜱属于节肢动物门，分为硬蜱科、软蜱科和纳蜱科三个科，前两者较为常见且危害较大。在非洲猪瘟病毒传播中发挥重要作用的钝缘蜱属于软蜱科中的钝缘蜱属。蜱虫体呈卵圆形或长卵圆形，背面稍隆起，未吸血时腹背扁平，成虫体长2~10毫米；饱血后胀大如赤豆或蓖麻子状，大者可长达30毫米。未吸血前为黄灰色，吸饱血后为灰黑色，表皮革质，成虫在躯体背面没有壳质化盾板（区别于硬蜱）。软蜱寿命长，一般为6~7年，甚至可达15~25年，软蜱各活跃期均能长期耐饿，一般为5~7年，有的甚至可以长达15年。

钝缘蜱在西班牙首次被证实为非洲猪瘟病毒的生物学载体和储藏者。在非洲，钝缘蜱是家猪和野猪感染非洲猪瘟病毒的一个重要源头。它在吸血的时候，能够将体内的病毒传染给易感宿主。另外，病毒在蜱类种群中可通过交配、卵源等多种途径传播，即使在没有宿主的情况下，感染的蜱依然可以长期携带病毒并保持感染性，且长达数年之久。钝缘蜱广泛分布于南非，也出现在马达加斯加，但并不存在于非洲中部，它们被认为是非洲猪瘟持续存在的一个重要原因。

复习思考题

1. 野猪在非洲病毒传播中起了哪些作用？
2. 家猪在非洲病毒传播中起了哪些作用？
3. 软蜱在非洲病毒传播中起了哪些作用？

第三章　免疫与疫苗

过去几十年大量的研究表明，非洲猪瘟灭活疫苗虽能诱导抗体反应，但对强毒攻击不能提供有效保护；基于单个或多个保护性抗原的亚单位疫苗，包括重组蛋白疫苗、DNA疫苗和病毒活载体疫苗等，相对安全，但是缺少保护能力；而弱毒活疫苗，包括天然弱毒株、传代培养致弱毒株和基因缺失弱毒株等，能诱导体液免疫应答和细胞免疫应答，为接种动物提供高水平的保护，但是其安全性堪忧。由于ASFV生物学特性的复杂性，迄今为止还未能研制出安全、有效、能商品化的合法疫苗。由于ASFV与宿主互作的各种机制与很多病毒蛋白的功能尚不清楚，故严重阻碍了ASF疫苗的研发进程。

一、免疫诊断

感染 ASF 的临床症状和病变与感染猪瘟、猪丹毒和败血性沙门氏菌等病猪很相似，如急性猪瘟与急性非洲猪瘟的临床症状、死后病变和高死亡率几乎相同，因而实验室检测是区分不同疫病的唯一方法，免疫诊断是确诊非洲猪瘟的主要手段。

非洲猪瘟的任何实验室检测都始于样品采集。样品采集过程中重要的考虑因素是调查的目的，如诊断、监测或无疫认证。对哪些动物采样将取决于抽样的目的。例如，当调查疫情暴发（被动监测）时，应针对患病和死亡动物；而在检查动物是否暴露于病原（主动监测）时，则应对年龄最大的动物进行抽样。负责抽样（并进行临床检查）的人员在开展相关操作前应该接受过保定猪等相关技术培训（包括临床检查和取样）。采样人员应根据采样动物的数量准备充足的采样设备（见图 2.21、图 2.22）。

 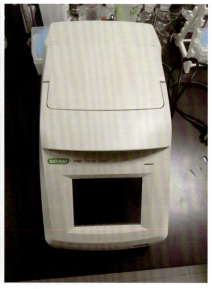

图2.21　BIO-RAD PCR仪（T100型）　　图2.22　SIGMA 1-14高速离心机

检测非洲猪瘟有多种诊断技术方法（见表2.3、表2.4）。对于大多数养殖场，检测和鉴定ASFV最方便、最安全、最常用的技术仍然是聚合酶链反应（PCR）。基于此技术完善的实时荧光定量PCR（qPCR）技术可以把检测时间缩短至0.5~2小时。

表2.3 非洲猪瘟病毒检测技术一览表

病毒检测	时间	敏感性	特异性	样品类型	费用	说明
聚合酶链反应（PCR）*	5~6小时	XXX	XX	组织、血液、蜱或细胞培养	￥￥	最常见的方法，容易受到污染，检测活的或灭活的病毒
红细胞吸附试验（HA）	7~21天	XX	XXX	猪巨噬细胞	￥￥￥￥	黄金标准仅在部分参考实验室中使用
直接荧光抗体检测（FAT）	75分钟	XXX 用于早期发现	XXX	冷冻切片、印记涂片、浸出液的细胞培养物	￥￥￥	推荐在PCR不可用时或缺乏经验使用。需要荧光显微镜感染一周后，敏感性下降
酶联免疫吸附试验（ELISA）	3小时	X 用于早期发现		血清、浸出液	￥	不经常使用，对感染后第一周内的样品，缺乏敏感性

注：1.XXX代表最高，X代表一般；2.￥￥￥￥代表最贵，￥代表最低；3.*代表最常用。

表2.4 非洲猪瘟抗体检测技术一览表

抗体检测	时间	敏感性	特征	样品类型	费用	说明
酶联免疫吸附试验（ELISA）	3小时	X	X	血清	￥	筛查试验。内部自建方法和商业试剂盒均可用
免疫印记实验	3小时	X	X	血清	￥￥￥	确诊技术。无商业试剂盒
间接荧光抗体试验（IFA）	4小时	XXX	XXX	组织渗出液、血清或血浆	￥￥￥	确诊技术。无商业试剂盒。需要荧光显微镜

注：1.XXX代表最高，X代表一般；2.￥￥￥￥代表最贵，￥代表最低。

非洲猪瘟检测涉及的样品采集、检测设备设施及结果判定均可以参考猪瘟部分。但需要注意，一是采样和化验人员一定要经过生物安全等培训，所有采样操作和测试要科学规范。二是疑似病猪严禁解剖，防止病毒通过血液等扩散。三是采血时尽量采取耳缘静脉采血和尾根采血，避免病毒从血液扩散。四是环境采样中可以增加收集蜱虫样品，收集后应让蜱保持存活或直接储存在液氮中，以确保蜱内的病毒保存完好，避免病毒DNA降解。五是样品处理、加样和上设备进行PCR扩增检测应该分区域操作，避免核酸的污染和病毒传播扩散，导致结果出现偏差。

复习思考题

1. 为什么说实验室检测是区分不同疫病的唯一方法？
2. 怎样进行实验室检测的样品采集？
3. 非洲猪瘟实验室检测应注意哪些问题？

二、疫苗研究现状

1. 国内外疫苗研究进展

满足推广应用的疫苗应当具有安全性高、免疫效果好、质量可控、易大规模制备、易储存及运输和价格低廉等特点。非洲猪瘟从首次发现至今已逾百年，给全世界养猪行业带来了沉重的打击。现有部分候选疫苗或不能提供完全保护，或存在不良反应等。而另一部分候选疫苗，如我国研制的 7 基因缺失疫苗，在实验室阶段表现出了良好的安全性和保护性，但其安全性和免疫保护期仍需要进行进一步的临床验证。因此，至今仍没有商业化的疫苗可使用。

（1）灭活疫苗。ASF 疫情暴发后，最先开始研究的是灭活疫苗，但是不能提供有效的保护作用。研究者将佐剂 Polygen™ 和 Emulsigen®-D 与 ASFV 的灭活制剂混合后免疫猪，结果能够检测到特异性抗体，但是并没有观察到保护作用。此外，灭活疫苗免疫后也已经观察到抗体介导的感染增强现象。灭活疫苗引起的细胞免疫应答弱且很难诱导产生有效的中和抗体，这也是灭活疫苗不能提供有效保护的主要原因。

（2）减毒活疫苗。

①传代致弱毒株：ASFV 经细胞传代培养后会导致病毒基因组部分区域缺失，从而使病毒毒力减弱，这曾经使研究者看到了研制 ASF 疫苗的希望。ASFV-G 株在 Vero 细胞上传代培养能使该毒株在 Vero 细胞上的复制能力越来越强，在猪原代巨噬细胞上的复制能

力下降，病毒毒力逐渐减弱，直至第110代，毒力完全丧失。但经多次传代培养的毒株抗原性也发生了改变，给家猪接种后，没能诱导有效的免疫应答。用猪骨髓细胞传代培养获得的弱毒株免疫猪可以抵抗强毒株的攻击，但该弱毒株在葡萄牙和西班牙的田间试验时，造成了灾难性的后果，接种猪出现了肺炎、皮肤溃疡、流产甚至死亡等严重的副作用。在葡萄牙，55万头接种猪中有超过12万头猪出现了副反应，并出现大量的病毒携带猪。此次试验失败后，再无弱毒株进行过田间试验。

②天然致弱毒株：目前，研究较多的天然致弱毒株有OURT88/3和NH/P68，接种这两种毒株的猪能抵抗同型强毒的攻击，保护率最高可达100%。但天然致弱毒株作为疫苗需要解决安全性问题，已经证实，大部分接种猪会产生肺炎、运动障碍、流产甚至死亡等安全问题。最近，欧洲报道了一株分离自野猪的基因Ⅱ型天然致弱毒株Lv17/WB/Rie1，与OURT88/3和NH/P68类似，该毒株无红细胞吸附活性。以病毒的10倍半数致死量（TCID50）肌肉注射该毒株，接种猪仅产生轻微的临床症状，表现为3~5天的低烧（40~40.7℃），并伴随着不同程度的耳朵发绀和关节肿胀。接种猪能排毒并且接触猪也能被感染，接种猪和接触猪都能产生高水平的抗体。在感染2个月后，所有接种猪和接触猪完全暴露于感染强毒的猪中，感染弱毒株的猪能完全抵抗强毒株的攻击。

Lv17/WB/Rie1毒株以口服方式接种野猪，有2/3的接种猪和全部的接触猪在一个月的试验期内抗体转阳；有7/9的接种猪和1/3的接触猪有平均3~4天的轻微发热（40.1~40.8℃）。强毒株攻击后，11/12的接种猪和接触猪存活，没有表现出任何非洲猪瘟的临床症状。30天免疫期内，有2头没有抗体反应也没有发热的接种猪，并在强毒攻击后的第3天和第7天抗体转阳。唯一死亡的1头猪在攻毒前后都没有检测到抗体，并在攻毒后和对照攻毒猪一样，表现出了典型的临床症状。

③基因缺失弱毒株：重组ASFV包括特定的基因缺失，如胸苷

激酶（TK）的缺失，可能会产生非致病性的毒株。此外，删除涉及免疫逃避的基因以及 *DP71L* 基因、多基因家族 360 和 505（*MGF360* 和 *MGF505*），或与病毒复制有关的基因以及 *B119L* 基因，可以使 ASFV 强毒株毒性减弱，并且可以诱导保护性免疫应答来抵抗强毒的攻击，但残留毒力水平不同。敲除单个或多个基因获得的基因缺失毒株，毒力减弱而且可诱导不同程度的针对同源毒株或异源毒株的保护。最近，我国报道了一株由中国农业科学院哈尔滨兽医研究所构建的基因缺失病毒毒株（HLJ/18-7GD），初步试验证明，该基因缺失（*MGF505-1R*、*MGF505-2R*、*MGF505-3R*、*MGF360-12L*、*MGF360-13L*、*MGF360-14L* 和 *CD2v* 缺失）疫苗具有较好的安全性和有效性。

（3）亚单位疫苗。ASFV 编码 150 多个蛋白，而且很多蛋白的功能不清，因此，选择可以作为亚单位疫苗的候选抗原十分困难。目前，已有报道 ASFV 结构蛋白 p72、p54、p30、p12、CD2v 等都可以引起机体产生免疫应答。使用杆状病毒同时表达的 p54 和 p30 蛋白共同免疫猪，可有效抵抗 E75 毒株的致死性攻击，而使用杆状病毒表达 p72、p54 和 p30 蛋白组合免疫猪，虽然能够检测到中和抗体，但是对致病性 Malawi 分离株并不提供保护能力。这些不同的结果可能是使用不同的病毒毒株造成的，同时细胞免疫应答对于保护作用也尤为关键。Argilaguet 等人的研究结果表明，编码 p54 和 p30 蛋白的 DNA 疫苗不会诱发产生中和抗体，面对 E75 毒株的致死性感染时不提供保护能力。这表明，使用相同抗原不同形式的疫苗可能产生不同的结果。

DNA 疫苗接种也应用于鉴定潜在的保护性抗原，Jancovich 等人通过 DNA 疫苗接种对 ASFV 的 40 多个蛋白进行评价，发现 p30、p54、CD2v 等蛋白具有良好的诱发保护能力。将 CD2v 蛋白的胞外区 HA 蛋白与 p54 蛋白和 p30 蛋白的基因片段融合在一起增强了猪的体液和细胞应答，但没有保护能力。然而，Lacasta 将这 3 个基因与泛素基因融合在一起，免疫猪后诱发了强烈的毒性 T 细胞应答，且在没有特异性抗体的情况下能提供部分保护。这表明，DNA 疫苗可以通过修饰携带的抗原来增强免疫应答，尤其是细胞免疫应答。

腺病毒、痘病毒或伪狂犬病病毒作为载体表达 ASFV 抗原能够诱导比较强的体液免疫应答和细胞免疫应答，但是其免疫保护效力需要进一步评价。近期有以腺病毒为载体表达的多种抗原采取"鸡尾酒式"免疫野猪后，并不提供保护作用。

2.ASF 疫苗研究难点

（1）病毒基因组复杂。ASFV 基因组为双链 DNA 分子，大小为 170~194kb，包含一个 125kb 的保守中心区以及两端由串联重复序列和多基因家族构成的可变区，两端可变区随不同毒株而改变。ASFV 根据毒株的不同，包含 151~167 个开放阅读框，可编码 68 种结构蛋白及 100 多种非结构蛋白，其中一半蛋白功能未知。这限制了 ASFV 复制相关基因和毒力相关基因的鉴定，以及基因工程疫苗的研制。

（2）免疫逃避机制多样。ASFV 编码的蛋白量多复杂，免疫逃避机制亦多种多样。例如 MGF360、530/505 蛋白可影响 I 型干扰素表达，抑制其抗病毒作用；而 DP71L 和 A238L 蛋白可调控宿主细胞蛋白表达系统及细胞因子的转录；p54 及 EP153R 蛋白可调节细胞凋亡，并在细胞凋亡和病毒复制之间维持平衡，从而完成免疫逃避。部分致弱毒株免疫猪后无法提供同源保护，其中可能存在着未知的免疫逃避机制。深入研究 ASFV 免疫逃避的机制发现，未知的天然免疫和细胞免疫抑制蛋白，通过缺失免疫逃避蛋白编码基因，使机体在感染早期即可识别病毒并诱导抗病毒反应，这是疫苗研制工作的新突破点。

（3）病毒入侵机制不明确。已有研究表明，ASFV 可利用细胞表面受体入侵细胞，或通过非特异性的巨胞饮作用入侵细胞，但何种受体介导病毒入侵靶细胞尚不明确。此外，ASFV 可能存在未知的入侵细胞方式。研究报道，猪繁殖与呼吸综合征病毒能利用细胞外泌体介导病毒与细胞间的信号传导及病毒传播，不与细胞表面病毒受体结合，并可以逃逸抗体的中和作用。有文献显示，在感染 ASFV 猪的血清中含有 ASFV 基因组及其蛋白。ASFV 能否利用类似的外泌体进行免疫逃避，还需要更加深入的研究。ASFV 入侵受体的机制不明确，给以病毒受体为靶标的抗病毒药物以及新型疫苗的研制带来了巨大的挑战。

（4）缺乏合适的细胞系。ASFV 主要感染单核巨噬细胞系统，包括单核－巨噬细胞、中性粒细胞、嗜酸性粒细胞和嗜碱性粒细胞等。ASFV 易感细胞为原代细胞，接种后会出现表型改变、对病毒不易感等问题，同时制备原代细胞费时、费力、费钱、不均一。研究表明，尽管已经建立了多种 ASFV 适应传代细胞系，适应传代细胞系的 ASFV 毒力减弱，但它们免疫猪只后不能提供免疫保护。目前国内尚未报道可供 ASFV 复制的传代细胞系，研制支持 ASFV 增殖的合适细胞系，是突破 ASF 疫苗研制瓶颈的关键之一。

（5）免疫保护机制尚不明确。病毒感染机体会激活机体的免疫系统，以抵抗病毒的入侵。针对 ASF 的传统弱毒疫苗、灭活疫苗，虽然可以引发机体较高的体液免疫水平，但不能提供有效的保护，甚至存在弱毒疫苗接种后的安全性问题。新型基因工程疫苗，如亚单位疫苗等虽安全性较好，但保护效力不足。有文献显示，接种亚单位疫苗后，不仅未能提供有效的保护，反而出现了加重病情现象。在去除弱毒免疫猪体内的 CD8+T 细胞后，免疫猪不能抵抗强毒的攻击，这揭示了 CD8+T 淋巴细胞在抗 ASFV 感染中起到了重要作用。探究机体对 ASFV 感染的免疫保护机制，在保证疫苗安全性的前提下提高激活机体的体液免疫和细胞免疫能力，是研发安全有效的 ASF 疫苗的难点。

（6）反向遗传技术研究尚需完善。利用反向遗传技术通过对靶基因进行定向的修饰（缺失、突变、替换），研究基因突变所造成的表型效应，可以明确未知基因的生物学功能。通过反向遗传操作技术编辑 ASFV 的基因，高效拯救突变毒株，对研究各基因功能，确定 ASFV 关键毒力基因十分重要。Borca 等人通过基因敲除发现，ASFV *L83L* 基因编码早期蛋白可与 IL-1β 特异性结合，但该基因缺失后并不影响 ASFV 的毒力；Monteagudo 等人敲除 ASFV *EP420R* 基因得到的致弱毒株能提供同源及异源保护。然而，目前仅鉴定了少数 ASFV 毒力相关基因，要了解 ASFV 更多基因的功能和毒力基因，需要依靠高效的反向遗传技术。当前，拯救和纯化病毒的方法主要依赖同源重组技术和有限稀释法，这些方法存在耗时长和野毒污染的问题，需要进一步优化。

复习思考题

1. 国内外非洲猪瘟疫苗研究有什么进展？
2. 为什么说非洲猪瘟病毒基因组复杂？
3. 反向遗传技术研究目前还存在哪些问题？

第四章　预防与控制

　　生物安全和提高猪群感染阈值是防止非洲猪瘟在猪场之间和内部传播的关键。加强疫情检测与监测排查，建立快速诊断方法和预警机制，制定发生该病时的扑灭计划，发现疫情后按国家规定及时报告和有效处置；建设和健全猪场生物安全体系，严格控制人员、车辆和易感动物进入养猪场；进出养猪场及其生产区的人员、车辆、物品要严格落实消毒等措施，切断传播途径；加强饲养管理，尽可能采取封闭隔离防护措施，提高猪群非特异性免疫力，保护易感动物。

一、疫情监测

疫情监测是掌握动物疫病流行状况、流行规律和疫情动态，增强疫情预警预报能力的重要手段，也是防控非洲猪瘟的重要措施之一。非洲猪瘟监测应遵循"国家监测与地方监测相结合、常规监测与应急监测相结合、定点监测与全面监测相结合、抗体监测与病原监测相结合、实验室检测与临床监视相结合"的原则。同时，及时掌握和分析全球非洲猪瘟疫情状况、周边国家非洲猪瘟疫病发生情况及流行态势，全面掌握和分析非洲猪瘟的分布和流行规律，适时评估非洲猪瘟疫情传入我国的风险，发布预警预报，科学开展防控。

（一）疫情监测区域

就非洲猪瘟而言，根据风险评估结果，目前我国应重点加强对边境地区、机场和港口、进口活猪及其制品的地区、蜱活跃地区等区域的监测。

1. 边境地区

边境地区的猪，尤其是野猪的自由流动给非洲猪瘟的传入和快速传播提供了极大的便利条件，也大大增加了疫情防控的难度。野猪是非洲猪瘟病毒的重要宿主，常可自然感染。非洲疣猪感染后一般不表现临床症状，但可成为危险的长期带毒者；欧洲野猪易感性较强，死亡率比较高。我国幅员辽阔、野猪资源丰富，在与俄罗斯等周边国家接壤的地区，野猪活动比较频繁，存在着一定的风险性。此外，近年来野猪引种、驯化改良在我国部分地区盛行，这也在一定程度上增加了非洲猪瘟传入的风险。因此，应加强边境地区，尤其与发生疫病国家接壤地区的疫情监测。

2. 机场和港口

（1）废弃食物、泔水等。非洲猪瘟病毒传入无疫国家或地区常与来自疫区国家航班的机场和港口的未经煮熟的感染猪制品或残羹不能安全处理有关。口岸、国际机场、海港码头等废弃的食物、碎屑，尤其是来自感染国家（地区）的船舶、飞机的废弃食物和泔水、剩菜及肉屑等常常是非洲猪瘟和其他重要跨国界动物传染病（如猪水疱病、口蹄疫、猪瘟）传播的重要途径。因此，对这些地方应进行重点监测。

（2）疫区人员携带猪制品。国际机场、海港码头等来自疫区国家的人员非法携带的猪肉及猪制品等也可能是非洲猪瘟传入的途径之一。据海关部门统计，每年从入境人员的携带物中截获猪、野猪及相关产品数量均达到数吨之多。

因此，要加强口岸、国际机场、海港码头携带物品中猪肉或肉制品和其他风险物质的检疫。

3. 进口活猪及其制品的地区

引进种猪是非洲猪瘟传入的重要途径之一，带毒种猪可以潜伏带毒，并随着引种进入国内。非洲猪瘟病毒在猪冷冻精液中可以长期存活，并可伴随人工授精将病毒传播给母猪，导致疫情暴发。此外，进口猪肉、火腿和香肠等其他猪制品，都有传入非洲猪瘟的风险。非法从国外购进猪及其相关制品，加大了疫情传入的风险。因此要严格执行动物及动物制品的进口政策，加强口岸、国际机场、海港码头、国与国间边境交汇点对猪肉和猪制品、猪精液、胚胎、受精卵以及用于药物制剂制备的原料等其他猪制品的进口检疫，严禁非法进口猪及其产品。

（二）监测对象与方式

监测对象与方式的选择应根据疫病流行的状况或传播风险大小而确定。就非洲猪瘟而言，该病对我国属于外来病，而且以往发病疫点离我国边境较远，虽然存在一定的风险，但也不能夸大风险，疫情的监测应有侧重点，保持监测的力度，保证适时的预警预报。基于对非洲猪瘟传入我国的风险分析可知，目前应考虑的监测对象有边境地区的野猪和种用家猪，从国外引进种猪省份的猪、野猪，蜱活跃地区的猪及蜱等。监测方式可以采取国家宏观指导、地方和专业实验室联合执行的方式，将主动监测和被动监测相结合，抗体监测与病原监测相结合，实验室检测与临床监视相结合。对边境、进口种猪的省份等高风险地区采取重点靶向监测的方式。

主动监测是指国家兽医部门及相关单位组织人员到边境等高风险地区开展流行病学调查，对野猪、猪或蜱等采样进行实验室检测。目前我国对边境等高风险地区应当持续进行定点流行病学调查和血清学监测。

被动监测是指各省（自治区、直辖市），尤其是边境省（自治区）的兽医机构及相关单位按照国家制定的规范和程序，对非洲猪瘟进行日常监测，并及时向上级机构报告监测数据和资料。县级以上动物疫病预防控制机构应当加强非洲猪瘟监视工作。各级机构和人员发现可疑或疑似疫情时，应立即向当地动物疫病预防控制机构报告。

靶向监测是对高风险的动物群体，如对边境地区的猪及野猪，尤其是死亡猪及野猪、表现临床症状的猪，或用机场、码头的泔水饲喂的猪进行监测。

（三）监测结果的处理

目前，我国已经建立了遍布全国的动物疫情报告体系和疫情监测体系，设有304个动物疫情测报站、146个边境动物疫情监测站。全国已有2800多个县级动物防疫监督机构与国家动物疫情传报网络中心连接，可确保实时传报动物疫情。国家外来动物疫病研究中心也在上级主管机构领导下，联合有关部委的专业实验室，综合国家级重点实验室、边境省份兽医疫病防控机构以及内陆重点省份的技术力量，初步建立了外来动物疫病的监测网络，使非洲猪瘟的疫情监测做到有效、适时、实时，严防疫情的侵入。

复习思考题

1. 为什么要加强边境地区的疫情监测？
2. 什么是被动监测？
3. 目前我国非洲猪瘟的疫情监测体系建设现状如何？

二、防控技术

（一）疫情检测

1. 实验室检测

非洲猪瘟临床症状与古典猪瘟、高致病性猪蓝耳病等疫病相似，必须开展实验室检测进行鉴别诊断。

（1）样品的采集、运送与储存。我国要求对非洲猪瘟的诊断、报告与防控必须严格遵照《中华人民共和国动物防疫法》《国家突发重大动物疫情应急预案》《非洲猪瘟防治技术规范》《非洲猪瘟防控应急预案》的要求执行。疑似样品的采集、运送与保存必须符合《病原微生物实验室生物安全管理条例》的规定，样品的采集、运送和存储单位必须具备相应资格。

样品的采集、运送与存储关乎诊断结果的可靠性、准确性。实验室检验能否得出准确结果，与病料取材是否得当、保存是否得法和送检是否及时等有密切关系。当有关单位或者个人怀疑发生非洲猪瘟疫情时，应及时向当地动物疫病预防控制机构报告。

病猪和病死猪的全血、组织、分泌物和排泄物中均可能含有病毒。内脏器官弥漫性出血症状明显，故在采集组织病料时需首先通过剖检观察器官组织的病理变化，结合生前各项临床症状进行初步诊断，采集的脏器应尽可能全面，如疫点周边有野猪分布，应联合林业部门同时采集野猪样品。

①样品的采集。全血和血清：采样前提前准备好采血所需器材，如注射器、真空采血针和管、1.5毫升离心管、记号笔、样品袋、泡沫箱、冰袋、白纸和笔。

抗凝血采集，从耳静脉或前腔静脉采集血液。用注射器吸取EDTA抗凝剂（不可用肝素抗凝，易抑制后续PCR反应），静脉采集血液5毫升，颠倒混匀后，注入无菌容器。如条件允许，最好每份血液样品采集2管，以便留存充足的备份样品。也可以用已经含有抗凝剂的真空采血器抽取血液。

血清分离，对非洲猪瘟进行血清学样品采集时，需对病猪，健康猪以及处于不同发病阶段的猪分别采集血清。注射器（或真空采血针和管）采集全血3~5毫升，室温放置12~24小时，收集自然析出血清或离心分离血清，置于无菌容器中，封口，标识后放入加入冰袋的泡沫箱送检。

口腔／鼻／血液拭子：采样前提前准备好无菌棉签、离心管、生理盐水、手套、记号笔。离心管内加生理盐水或者PBS（磷酸盐缓冲液，是生物化学研究中使用最为广泛的一种缓冲液，一般作为溶剂，起溶解保护试剂的作用）适量，以没过棉签头为宜。

口腔拭子采集，将无菌棉拭子插入猪口腔中，5~10厘米深，转动棉拭子顺时针和逆时针擦拭口腔数次，拿出棉拭子放到加有2~3毫升生理盐水的离心管中，挤压几次，并折断木棒，盖上离心管管盖。

鼻拭子采集，将无菌棉拭子斜45°角插入猪鼻腔中线附近，5~10厘米深，把鼻拭子贴着猪鼻腔周壁顺时针擦2~3圈，然后逆时针擦拭，再换一个鼻孔重复这套动作，保证拭子看起来湿润。拿出棉拭子放到加有2~3毫升生理盐水的试管中，挤压几次，并折断木棒，盖上离心管管盖。

血拭子采集，用一次性注射器在猪只耳朵处扎一下，用无菌棉拭子反复擦拭流出来的血液，将棉拭子放到加有2~3毫升生理盐水的试管中，挤压几次，并折断木棒，盖上离心管管盖。

应该注意，采样前务必保证采样管、无菌棉拭子、自封袋等物品处于干净清洁、未被污染的状态。采集的每头猪的口腔液、鼻拭子、血液拭子，要分开装入采样管内；装有猪口腔液、鼻拭子、肛门拭子、全血的采样管，要分开装入自封袋内；自封袋密封严实后，标注相应信息，置于加冰袋的无菌容器内，标明动物编号。

口腔液样本：根据猪群日龄不同，选不同直径全棉绳进行采集，保育猪可用直径1.3厘米绳索，而生长育肥猪和生产公母猪则选用直径1.6厘米的绳索进行口腔腔液采集，悬挂处应远离饲槽和猪排便区。

棉绳上端固定，下垂高度与猪只的肩关节齐平，任猪咀嚼，30分钟后收取棉绳，刮取和挤压口腔液至自封袋，然后装入 EP 管（一种小型的离心管，与微型离心机配套使用，用于微量试剂的存储、分离离心）或其他容器。一般认为≥1毫升为有效采集量。

采集完毕应立即取走绳索，避免猪群失去对绳索兴趣，不利于下次采集。

粪便：以清洁玻棒或棉棒挑取新鲜粪便少许（约1克），置于无菌容器内，也可用棉拭子自直肠内直接蘸取或掏取。

脾脏、淋巴结、肝脏、肺脏等实质器官：检测非洲猪瘟病毒时，脾脏为首选器官，其次为淋巴结。肉眼所见有病理变化或没有病理变化的脾脏、淋巴结都应在采集样品范围之内。淋巴结可连同周围脂肪整个采取，其他器官可选病变明显部位与健康部位交界处，以无菌操作剪取直径约1厘米的组织样品，加入含100微克/毫升青霉素和链霉素的 PBS 溶液中，4℃保存运输，或保存于含50%甘油的 PBS 溶液中，4℃保存运输。为保持病毒的感染性，样品到达实验室后，立即放入低温冰箱内以−80℃冷冻保存。若条件允许，可另取少许制触片数张，一并送检。

在舍外采集死猪脾脏、淋巴结时，必须穿着一次性防护服、一次性手套，每采集一头死猪的脾脏、淋巴结，更换一次手套、刀片。每头死猪的脾脏、淋巴结，要分开装入自封袋内，确认密封严实后，标注相应信息，放入泡沫箱加冰袋送检。采集死猪样品时，必须在远离猪舍的环保区进行，并且要注意采样时的生物安全，以及采样后的生物安全工作，及时对死猪进行无害化处理，对采样场地进行有效的消毒处置，以确保不污染环境。

水样：可用矿泉水瓶作为水样采样工具。采样点一般为蓄水池、生产区各栋舍出水口等，使用新矿泉水瓶采集采样点水样，每次采样时务必做好生物安全防护和注意生物安全操作，防止将水池内水体进行二次污染和所采集的水样被污染。

环境样品：提前准备纱布/棉拭子、采样管、自封袋、生理盐水、一次性手套。纱布裁剪成2厘米×5厘米或2厘米×10厘米，也可以直接购买纱布块。

采集方法，第一步戴好手套，用裁剪好的纱布/棉拭子，蘸取生理盐水；第二步擦拭采样点（面积越大越好）；第三步放入采样管（或样品袋）内，在采样管或样品袋中加入生理盐水，浸没纱布；第四步做好标记。

猪舍内外环境样品：猪舍内（地面、料槽、水槽、刮粪板、墙面、栏杆等），猪舍外（储粪池、水、地面、道路等），生活区和办公区（地面、桌面、电脑等）。

车辆样品：采样部位包括车头、驾驶室、前后车轮、左右车体外表面、车顶、底盘、车厢内外表面、车厢内部升降（第一、二、三层等）。

采样前，务必保证采样管、纱布、自封袋等物品处于干净清洁、未被污染的状态。一个采样点换一双手套。每个采样点或者一个单元的样品要单独放于一个自封袋内，标记好采样地点。附上送检单，冷藏保存或运输。

人员样品：可用蘸取生理盐水的棉拭子，擦拭相关人员的头发、鼻腔、口腔、耳朵、脸部、手及指甲缝、衣服、鞋底、手机等部位或物品，拿出棉拭子放到加有2~3毫升生理盐水的离心管中，挤压几次，并折断木棒，盖上离心管管盖。

软蜱：可以采用手工方式捉软蜱。通过手工移除裂缝和猪舍墙壁孔洞中的尘土，清理木质或瓦屋的屋顶缝隙，从猪舍道路上或路边均可进行软蜱的收集。也可以在野猪出没的地方查找软蜱。但这种方法费时、费力，由于软蜱的寄居环境潮湿、黑暗，发现难度大，且难以找到更小的幼虫阶段的虫体。因此，手工方法不适合进行大规模软蜱的采集。在非洲、欧洲的一些国家，二氧化碳诱捕法、真空抽吸法广泛应用于田间软蜱样品的采集。

若需采集病料进行病理组织学检测，则应选取剖检有典型病变的部位，连同邻近的健康组织一并采取。如果某种组织器官具有不同病变时，则应各采一块，将标本切成 1~2 立方厘米大小，用清水冲去血污，立即浸入固定液中。常用的固定液为 10% 福尔马林，固定液的用量应为标本体积的 10 倍以上。脑、脊髓组织最好用 10% 中性福尔马林溶液（即在 10% 福尔马林溶液中加 5%~10% 碳酸镁）固定。初次固定时，应于 24 小时后更换新鲜溶液一次。

一头病死猪的标本可装在一个瓶内，如同时采集几头病猪的标本，可分别用纱布包好，每包附一纸片，纸片上用记号笔标明病猪的号码。

样品选取和采集过程中应注意以下几点。一是合理取材。怀疑是非洲猪瘟时，应按照《非洲猪瘟防治技术规范》的要求采集病料，确保送检样品合格、规范，方便后续的实验室检测工作。如果怀疑除非洲猪瘟外还有多种疫病同时感染，则应综合考虑，全面取材，或根据临床和病理变化有侧重地取材。二是剖检取材之前，应先对病情，病史加以了解，并详细进行临床检查。取材时，应选择临床症状明显，病理变化典型，有代表性的病猪。最好能选送未经抗菌药物治疗的病例和发病猪生前活体样品送检。三是病死猪要及时取材，夏季不超过 4 小时，若死亡时间过长，则组织变性、腐败，影响检测结果。四是除病理组织学检验病料及胃肠内容物外，其他病料应无菌采取，器械及盛病料的容器须事先灭菌。刀、剪子、镊子、针头等金属制品需高压灭菌，尽可能采用一次性无菌注射器；试管、平皿、棉拭子等可用高压灭菌或干热灭菌；载玻片事先洗擦干净并灭菌。五是为了减少污染机会，一般应先采取微生物学检验材料，再取病理组织学检验材料。六是样品采集人员做好个人防护，防止人兽共患病；防止污染环境，避免人为散播疫病；做好环境消毒和动物尸体的处理。

②待检样品的保存：待检的组织病料、血液、血清、体液、分泌物等待检样品必须保持新鲜，避免交叉污染和腐败变质。采样后如不能立即送检，应根据样品类别以及检测目的不同分类保存，以免影响检测结果的质量。一般情况下，所有拟送检样品均应低温、冷藏保存和运输。

血清或抗凝全血送检前可放置于4℃保存，之后冷藏运送至检测实验室。实验室收到样品后如果不能立即检测，应置于−20℃保存，或−80℃长期保存。用于病毒分离或攻毒试验诊断的抗凝全血样品，应尽可能低温冷藏运送至检测实验室，到达实验室后立即存放于−70℃以下，以确保病毒不丧失感染性。非洲猪瘟病毒抗体和提取的DNA在4℃条件下可保存数月不影响检测结果。但口腔液或口鼻拭子样品应在4~6小时内检测，若运输时间过长，应添加唾液保护剂或干冰运输以保护核酸不被核酸酶破坏降解。

组织样品，如脾脏、淋巴结可于50%中性甘油溶液或含100微克/毫升青霉素和链霉素的PBS溶液中4℃冷藏运送。到达实验室后立即存放于−80℃以下。以上保存液均需充分灭菌后应用。

盛装送检材料的容器须确实密封，固定，置于装有冷却用品的容器中迅速送检。夏天运输耗时较长时，需更换冷却剂一次或数次。

活蜱样品在采集后应放于带螺纹塞且有空气出入口的瓶或管中，样品瓶或管中放入潮湿的土或滤纸片。长期保存时，应放置于20~25℃阴凉、潮湿环境下。为保持蜱体内非洲猪瘟病毒的感染性，可以将带毒蜱存放于−70℃以下。

③样品的送检和运输：非洲猪瘟病毒是高致病性动物病原微生物，疑似样品的包装应按照国际通用A类物质包装。样品的运输必须符合《病原微生物实验室生物安全管理条例》《高致病性动物病原微生物实验室生物安全管理审批办法》《高致病性动物病原微生物菌（毒）种或者样品运输包装规范》以及航空、铁路、公路等交通管理的相关规定。

此外，待检材料包装好后还应注意以下问题。在容器和样品管上编号，并详加记录；送检时应复写送检单一式三份，一份存查，两份寄往检验单位，检验完毕后退回一份；事先与检验单位联系；检验用病料尽可能指派专人送检。

送检时除注意病料冷藏运输外，还必须避免包装破损带来的散毒风险。用冰瓶送检时，装病料的瓶子不宜过大，需在其外包一层填充物，途中避免振动、冲撞，以免冰瓶破裂。如路途遥远，可将冰瓶航空托运，并将单号电传检验单位，以便其被及时提取。

（2）病原学检测。通过病原学或免疫学手段检测非洲猪瘟病毒或特异抗体是疑似疫情实验室确诊的必要前提。但非洲猪瘟多表现为最急性或急性病型，感染猪往往在特异抗体出现前已经死亡。因此，病毒的病原学检测在非洲猪瘟疫情确诊中非常重要。病原学快速检测可采用双抗体夹心酶联免疫吸附试验、聚合酶链式反应和实时荧光聚合酶链式反应等方法。开展病原学快速检测的样品必须灭活，检测工作应在符合相关生物安全要求的省级动物疫病预防控制机构实验室、中国动物卫生与流行病学中心（国家外来动物疫病研究中心）或农业农村部指定实验室进行。

病毒分离鉴定可采用细胞培养、动物回归试验等方法。病毒分离鉴定工作应在中国动物卫生与流行病学中心（国家外来动物疫病研究中心）或农业农村部指定实验室进行，实验室生物安全水平必须达到规定的要求。

（3）血清学检测。目前对非洲猪瘟尚无疫苗可用于预防，血清学检测阳性通常可做出确诊。感染后康复猪的抗体可维持很长时间，有时可终生携带抗体。可用于非洲猪瘟抗体检测的方法很多，但只有少数可用作实验室常规诊断。非洲猪瘟血清学检测方法主要有酶联免疫吸附试验、间接荧光抗体试验、免疫印迹试验和对流免疫电泳试验等。血清学检测应在符合相关生物安全要求的省级动物疫病预防控制机构实验室、中国动物卫生与流行病学中心（国家外来动物疫病研究中心）或农业农村部指定实验室进行。

（4）我国批准使用的非洲猪瘟现场快速检测试剂。为做好非洲猪瘟疫情的发现、报告和处置工作，农业农村部对非洲猪瘟的实验室检测提出了明确要求，各检测实验室要按照有关要求，遵守实验室生物安全操作规范，严格开展实验室活动。发生疑似非洲猪瘟疫情的，由省级动物疫病预防控制机构进行确诊；各受委托实验室发现疑似阳性结果，要将疑似阳性样品送省级动物疫病预防控制机构进行确诊。确诊后要将病料样品送中国动物卫生与流行病学中心备份。

为降低非洲猪瘟病毒扩散风险，农业农村部已部署开展了两批非洲猪瘟现场快速检测试剂评价工作，并要求各地在动物检疫中对生猪及其产品开展非洲猪瘟病毒检测时，应当使用经过比对符合要求的检测方法及检测试剂盒（试纸条），确保检测结果准确。

2. 结果判定

（1）临床可疑疫情。符合非洲猪瘟的流行病学特点、临床表现和病理变化，判定为临床可疑疫情。

（2）疑似疫情。对临床可疑疫情，经上述任一血清学方法或病原学快速检测方法检测，结果为阳性的，判定为疑似疫情。

（3）确诊疫情。对疑似疫情，经中国动物卫生与流行病学中心（国家外来动物疫病研究中心）或农业农村部指定实验室复核，结果为阳性的，判定为确诊疫情。

3. 疫情报告和确认

（1）疫情报告。任何单位和个人发现家猪、野猪异常死亡，如出现古典猪瘟免疫失败，或不明原因大范围生猪死亡的情形，应当立即向当地兽医主管部门、动物卫生监督机构或者动物疫病预防控制机构报告。

当地县级动物疫病预防控制机构判定为非洲猪瘟临床可疑疫情的，应在2小时内报告本地兽医主管部门，并逐级上报至省级动物疫病预防控制机构。

省级动物疫病预防控制机构判定为非洲猪瘟疑似疫情时，应立即报告省级兽医主管部门、中国动物疫病预防控制中心和中国动物卫生与流行病学中心；省级兽医主管部门应在1小时内报告省级人民政府和农业农村部畜牧兽医局。

中国动物卫生与流行病学中心（国家外来动物疫病研究中心）或农业农村部指定实验室判定为非洲猪瘟疫情时，应立即报告农业农村部畜牧兽医局并抄送中国动物疫病预防控制中心，同时通知疫情发生地省级动物疫病预防控制机构。省级动物疫病预防控制机构应立即报告省级兽医主管部门，省级兽医主管部门应立即报告省级人民政府。

（2）疫情确认。农业农村部畜牧兽医局根据中国动物卫生与流行病学中心（国家外来动物疫病研究中心）或农业农村部指定实验室确诊结果，确认非洲猪瘟疫情。

（二）疫情处置

1. 临床可疑和疑似疫情处置

接到报告后，县级兽医主管部门应组织2名以上兽医人员立即到现场进行调查核实，初步判定为非洲猪瘟临床可疑疫情的，应及时采集样品送省级动物疫病预防控制机构；省级动物疫病预防控制机构诊断为非洲猪瘟疑似疫情的，应立即将疑似样品送中国动物卫生与流行病学中心（国家外来动物疫病研究中心），或农业农村部指定实验室进行复核和确诊。

对发病场（户）的动物实施严格的隔离、监视，禁止易感动物及其产品、饲料及有关物品移动，并对其内外环境进行严格消毒。必要时采取封锁、扑杀等措施。

具体消毒要求。

①毒药品种类：最有效的消毒药是复合"过硫酸氢钾"、氯制剂、碘制剂、氢氧化钠、复合戊二醛、柠檬酸等。

②消毒前准备：消毒前必须清除有机物、污物、粪便、饲料、垫料等。选择合适的消毒药品。备有喷雾器、火焰喷射枪、消毒车辆、消毒防护用具（如口罩、手套、防护靴等）、消毒容器等。

③消毒方法：对金属设施设备，可采取火焰、熏蒸和冲洗等方式消毒。对圈舍、车辆、屠宰加工、储藏等场所，可采用消毒液清洗、喷洒等方式消毒。对养殖场（户）的饲料、垫料，可采取堆积发酵或焚烧等方式处理，对粪便等污物，做化学处理后采用深埋、堆积发酵或焚烧等方式处理。对疫区范围内办公、饲养人员的宿舍、公共食堂等场所，可采用喷洒、熏蒸等方式消毒。对消毒产生的污水，应进行无害化处理。对饲养管理人员可采取淋浴消毒。对衣、帽、鞋等可能被污染的物品，可采取消毒液浸泡、高压灭菌等方式消毒。

④消毒频率：疫点每天消毒3~5次，连续7天，之后每天消毒1次，持续消毒15天；疫区临时消毒站做好出入车辆人员消毒工作，直至解除封锁。

2. 确诊疫情处置

疫情确诊后，立即启动相应级别的应急预案。

（1）划定疫点、疫区和受威胁区。

①疫点：发病家猪或野猪所在的地点。相对独立的规模化养殖场（户），以病猪所在的场（户）为疫点；散养猪以病猪所在的自然村为疫点；放养猪以病猪所在的活动场地为疫点；在运输过程中发生疫情的，以运载病猪的车、船、飞机等运载工具为疫点；在市场发生疫情的，以病猪所在市场为疫点；在屠宰加工过程中发生疫情的，以屠宰加工厂（场）为疫点。处置措施：扑杀、销毁疫点内的所有猪只，并对所有病死猪、被扑杀猪及其产品进行无害化处理。对排泄物、被污染或可能被污染的饲料和垫料、污水等进行无害化处理。对被污染或可能被污染的物品、交通工具、用具、猪舍、场地进行严格彻底消毒。禁止易感动物出入和相关产品调出。出入人员、车辆和相关设施要按规定进行消毒（消毒方法同上）。

②疫区：由疫点边缘向外延伸3千米的区域。处置措施：在疫区周围设立警示标志，在出入疫区的交通路口设置临时消毒站，执行监督检查任务，对出入的人员和车辆进行消毒（消毒方法同上）。扑杀并销毁疫区内的所有猪只，并对所有被扑杀猪及其产品进行无害化处理。对猪舍、用具及场地进行严格消毒。禁止易感动物出入和相关产品调出。关闭生猪交易市场和屠宰场。

③受威胁区：由疫区边缘向外延伸10千米的区域。对有野猪活动地区，受威胁区应为疫区边缘向外延伸50千米的区域。处置措施：禁止易感动物出入和相关产品调出，相关产品调入必须进行严格检疫。关闭生猪交易市场。对生猪养殖场、屠宰场进行全面监测和感染风险评估，及时掌握疫情动态。

划定疫区、受威胁区时，应根据当地天然屏障（如河流、山脉等）、人工屏障（道路、围栏等）、野生动物分布情况，以及疫情追溯调查和风险分析结果，综合评估后划定。

（2）封锁。疫情发生所在地县级以上兽医主管部门报请同级人民政府对疫区实行封锁，人民政府在接到报告后，应在24小时内发布封锁令。

跨行政区域发生疫情时，由有关行政区域共同的上一级人民政府对疫区实行封锁，或者由各有关行政区域的上一级人民政府共同对疫区实行封锁。必要时，上级人民政府可以责成下级人民政府对疫区实行封锁。

（3）野生动物控制。应对疫区、受威胁区及周边地区野猪分布状况进行调查和监测，并采取措施，避免野猪与人工饲养的猪接触。当地兽医部门与林业部门应定期相互通报有关信息。

（4）虫媒控制。在钝缘蜱分布地区，疫点、疫区、受威胁区的养猪场（户）应采取杀灭钝缘蜱等虫媒控制措施。

（5）疫情跟踪。对疫情发生前30天内以及采取隔离措施前，从疫点输出的易感动物、相关产品、运输车辆及密切接触人员的去向进行跟踪调查，分析评估疫情扩散风险。必要时，对接触的猪进行隔离观察，对相关产品进行消毒处理。

（6）疫情溯源。对疫情发生前30天内引入疫点的所有易感动物、相关产品及运输工具进行溯源性调查，分析疫情来源。必要时，对输出地猪群和接触猪群进行隔离观察，对相关产品进行消毒处理。

（7）解除封锁。疫点和疫区内最后一头猪死亡或扑杀，并按规定进行消毒和无害化处理6周后，经疫情发生所在地的上一级兽医主管部门组织验收合格后，由所在地县级以上兽医主管部门向原发布封锁令的人民政府申请解除封锁，由该人民政府发布解除封锁令，并通报毗邻地区和有关部门，报上一级人民政府备案。

（8）处理记录。对疫情处理的全过程必须做好完整翔实的记录，并归档。

3. 边境防控

各边境省份畜牧兽医部门要加强边境地区防控，坚持内防外堵，切实落实边境巡查、消毒等各项防控措施。与发生过非洲猪瘟疫情的国家和地区接壤省份的相关县市，边境线 50 千米范围内，以及国际空、海港所在城市的机场和港口周边 10 千米范围内禁止生猪放养。严禁进口非洲猪瘟疫情国家和地区的猪、野猪及相关产品。

4. 日常监测

充分发挥国家动物疫情测报体系的作用，按照国家动物疫病监测与流行病学调查计划，加强对重点地区重点环节的监测。加强与林业等有关部门合作，做好野猪和媒介昆虫的调查监测，摸清底数，为非洲猪瘟风险评估提供依据。

5. 出入境检疫监管

各地兽医部门要加强与出入境检验检疫、海关、边防等有关部门协作，加强联防联控，形成防控合力。配合有关部门，严禁进口来自非洲猪瘟疫情国家和地区的易感动物及其产品，并加强对国际航行运输工具、国际邮件、出入境旅客携带物的检疫，对非法入境的猪、野猪及其产品及时销毁处理。

6. 宣传培训

广泛宣传非洲猪瘟防范知识和防控政策，增强进出境旅客和相关从业人员的防范意识，营造群防群控的良好氛围。加强基层技术人员培训，提高非洲猪瘟的诊断能力和水平，尤其是提高非洲猪瘟和古典猪瘟等疫病的鉴别诊断水平，及时发现、报告和处置疑似疫情，消除疫情隐患。

（三）防范措施

非洲猪瘟的综合防控措施包括消灭传染源、切断传播途径、保护易感动物三项工作。基于目前非洲猪瘟的流行形势和污染情况，做好生物安全，切断传播途径是最关键的工作。保护易感动物工作在没有有效疫苗的情况下，要通过健康养殖提高猪群健康度，增强猪群对疾病的抵抗力。

1. 猪场生物安全体系建设

猪场生物安全体系建设的基本原则是通过分区管控与单向流动管理，以猪（易感动物）为中心，将非洲猪瘟病毒拒之门外。

（1）外部环境。

①周边环境：屠宰场、病死动物无害化处理场、粪污消纳点、农贸交易市场、其他动物养殖场户、垃圾处理场、车辆洗消场所及动物诊疗场所等均为生物安全高风险场所。养殖场周边高风险场点多、场区布局不合理、防疫条件差，贩运人员多、防疫意识差，车辆清洗消毒不彻底，病毒传入风险越高。

养殖场周边 0~3 千米、3~10 千米内养殖场户多、距离近、密度大、自然隔离条件差，交通道路交叉，病毒传入风险越高。养殖场周边疫情越重，如猪场处在下风方向、河流下游等，病毒传入风险越高。

②地理位置：猪场所处地势较低，猪场离公共道路越近，周边公共道路交叉越多，与城镇居民区等人口密集区距离越近，病毒传入风险越高。

（2）分区原则。根据猪场的位置与环境特点，通过以猪场生产区1 千米范围内作为核心管控区，根据生物安全等级区分为缓冲区、隔离区、生活区和生产区。

①缓冲区：缓冲区为对一切要进入或靠近猪场的传播途径进行初步控制、处置的区域，有条件的猪场，可在距离猪场 3 千米外的地方设置缓冲处理人员和物资的隔离宿舍，处理外部车辆的初洗点和远离猪场的售猪点。只有经过缓冲区处理点的人、车、物才能进入洗消中心。在生物安全上属于被污染区。也可通过与社会化酒店、洗消点建立签约服务，实施进入猪场车辆、物资、人员等的隔离、减毒行为。此区为部分可控区域，需要程序性地检查和评估风险点，在生物安全上属于高风险区。

②隔离区：为有效阻止非洲猪瘟进入生产区，通常可在猪场场内道路与公共道路连接处设立一道关卡（前置门卫），对进入车辆、物

资、人员进行洗消、烘干等处理，掌握的基本原则即进入隔离区的车辆、物品等不再接触公共道路。有条件的场可设立实体围墙进行物理阻隔。从缓冲区至猪场隔离区的一切车辆、物品等，原则上不能检出病毒阳性，对于单体猪场，可以将厨房设立在前置门卫处。一切与生产无关的车辆不允许越过前置门卫。

隔离区为从猪场前置门卫内到生活区之间的区域，是基本可控区。用来进一步处理和隔离需要进入生活区的人和物。隔离区是场内场外的分界线，与生产无关的车辆不能穿越隔离区进入生活区。是场内和场外的接触区，在生物安全上属于中等风险区。

③生活区：生活区为猪场工作人员生活、休息、学习、工作的场所，包括住宿、餐饮、娱乐、工作、会议培训等功能区，在生物安全上是低风险区。原则上，与员工密切接触的环境不得检出非洲猪瘟病毒。

④生产区：根据猪场设计的不同，生产区是指猪舍内，生产工人饲养、处置猪的区域。在生物安全等级上属于安全区。

（3）分级管控。为阻止病毒进入猪场核心区域，采用分级设立关卡、构建五道防线进行管控，通过逐级消毒来保证进场车辆、人员、物品等的安全。

①第一道防线：防控非洲猪瘟的第一道防线设置在远离猪场的地点，主要功能是预处理一切要进入下一道防线（洗消中心）的外来的人、车、物，这个过程必须将车辆、人员、物品等表面的有机质完全清洗掉，并对表面进行彻底清洗、消毒及更衣等。

中央隔离区：隔离宿舍为人员及物资入场前隔离消毒地点，主要功能是对入场人员及物资进行隔离及消毒处理。在场外初步降低非洲猪瘟病毒浓度，从而切断非洲猪瘟病毒传播途径。

进入隔离宿舍的人员首先要使用纱布对头发、手、鞋底、衣服、手机等进行采样，进行非洲猪瘟病毒检测。人员隔离至少48小时，对随身衣物使用1∶200"海威可"（一种过硫酸氢钾复合物）进行消毒、清洗，人员进行换衣、洗澡时，更换隔离宿舍专用衣物。对人员随身携带的电脑、手机、充电器等物品使用"海威可"进行喷洒擦拭消毒。对外来衣物和鞋进行消毒处理。

猪场内所需物资统一运至隔离宿舍库房处，物资进入库房后进行臭氧熏蒸消毒。每2周将物资运至猪场。

车辆初洗点：初洗点为车辆进入猪场前第一道洗车地点，设置在距离猪场3000米外，并远离其他猪场、屠宰场、农贸市场等地点。主要起到对准备入场车辆进行第一次清洗消毒，降低非洲猪瘟病毒车辆传播风险的功能。车辆首先在初洗点进行清洗消毒，要求达到眼观无可见泥沙、粪便等方可进入洗消中心区域。

中转售猪点：中转售猪点为场外中转运猪车辆与外部运猪车辆对接地点，有条件的猪场可将中转售猪点设置在距离猪场3千米外。场外中转车与外部运猪车在中转销售点两侧进行对接，降低因卖猪车辆将非洲猪瘟病毒传入猪场风险。

外部运猪车在进入中转点前进行非洲猪瘟病毒检测。外部运猪车辆进入销售中心后进行二次消毒，静置12小时后方可进行猪只对接。售猪完成后对销售中心进行全面清洗消毒。定期对销售中心外周进行白化消毒。赶猪人员分段负责，猪只单向流动，避免交叉。

②第二道防线：洗消中心。洗消中心是实现猪场生物安全的第二道防线，具有十分重要的作用。为实现洗消中心操作规范化，对洗消中心的作用及硬件建设相应标准进行规划。重点实现以下五点功能。一是对转猪车辆进行清洗，消毒，干燥和隔离的功能。二是对人员进行检查和监督，具备猪只转运人员和参观人员洗澡的功能。三是对进场物品进行消毒的功能。四是能够在干燥房进行内外部猪只的转运对接工作。五是提供外来拉猪车辆的存放和人员的隔离工作。

洗车通道：洗车通道为车辆进入洗消中心后的清洗消毒地点，在初洗点经过初次洗消后的车辆驶入洗车通道进行清洗消毒。

司机进行登记，洗澡更衣。打开驾驶室，取出脚踏垫对驾驶室使用"海威可"进行全面消毒。使用清水清洗、泡沫清洗、沥水干燥、1∶200"海威可"进行消毒。

车辆烘干通道：车辆烘干通道为车辆清洗消毒后对车辆进行烘干的地点。车辆清洗消毒后，驶入烘干房，司机下车后将烘干房密闭，开启热风机，使烘干房内温度达到70℃，保持30分钟。开启烘干房，待冷却后驶出。

人员换洗通道：洗消中心人员换洗通道为人员在隔离宿舍隔离结束后进入隔离区专用人员换洗通道。主要功能为员工进入隔离区提供洗澡换衣场所，分为脏区、淋浴区、净区三部分。

人员进入人员换洗通道将全部衣物放入脏区衣柜内，并剪掉长指甲。人员进入淋浴区进行淋浴10分钟，使用洗发水和沐浴露对全身进行清洗。清洗完成后进入净区，更换隔离区专用衣物，进入隔离区。人员换洗通道定期使用"海威可"、臭氧进行消毒。

物资消毒通道：物资消毒通道为物资进入隔离区的消毒通道。消毒通道分为三个，分别为烘干消毒通道、浸泡消毒通道和熏蒸消毒通道。主要功能是对入隔离区物资进行消毒处理。

物资到后去除外包装，放入物资消毒通道，对物资全部使用70℃烘干1小时或1∶200"海威可"浸泡30分钟进行消毒处理，之后使用臭氧熏蒸4小时后方可进入下一道防线。手机、电脑个人物品使用"海威可"擦拭消毒进入隔离区。物资消毒通道定期使用1∶200"海威可"进行消毒。

③第三道防线：隔离区防线是实现猪场生物安全的第三道防线，具有为场内员工提供隔离和餐食的功能。逐级过滤非洲猪瘟病毒浓度，人员、食材在此防线进行消毒处理，防止未消毒食材进入生活区。

隔离寝室：隔离寝室为员工在场内隔离时提供住宿，人员在隔离区隔离48小时，隔离人员隔离结束前，要将床单、被罩和枕套拆卸下来，用1∶200"海威可"浸泡30分钟以上，然后进行清洗和晾晒；将隔离宿舍卫生间和房间卫生打扫干净，标准为无可视垃圾和可视灰尘等，地面消毒用1∶200"海威可"全覆盖拖地。

厨房管理：将场内厨房设置在隔离区外，通常为前置门卫相连的外部区域，为员工提供餐食。

　　所有食材必须在指定地点购买，严禁采购猪、牛、羊肉及其制品等食材进入猪场。采购的食材必须于洗消中心在物料消毒通道70℃保持30分钟方可进入隔离区食堂库房。传入生活区必须为熟食，通过传递窗传入生活区食堂，只传菜不传器具。

　　隔离区车辆管理：所有进入隔离区车辆需在隔离区洗车点进行二次洗消并进行烘干。

　　④第四道防线：生活区防线是实现猪场生物安全的第四道防线，是员工休息生活及对生产生活物资进行保存的地方，具有对人员休息食宿、对人员进行检查和监督，进入生活区人员进行洗澡和对进生活区物品进行消毒的功能。

　　人员换洗通道：生活区人员换洗通道为人员在隔离区隔离结束后进入生活区专用换洗通道。主要功能为员工进入生活区提供洗澡换衣场所，分为脏区、淋浴区、净区三部分。

　　人员进入人员换洗通道将全部衣物放入脏区衣柜内，并剪掉长指甲。人员进入淋浴区进行淋浴10分钟，使用洗发水和沐浴露对全身进行清洗。清洗完成后进入净区，更换生活区专用衣物，进入生活区。人员换洗通道定期使用"海威可"、臭氧进行消毒。

　　物资消毒通道：生活区物资消毒通道为物资进入生活区的消毒通道。消毒通道主要功能是对要进入生活区的物资进行消毒处理。

　　物资到隔离区后，放入物资消毒通道，对物资使用臭氧熏蒸的方式进行消毒处理。手机、电脑等个人物品使用"海威可"擦拭消毒后进入生活区。物资消毒通道定期使用1∶200"海威可"进行消毒。

　　生活区管理：生活区宿舍为员工休息地方，生活区宿舍实行6S［6S管理内容是指对生产现场中的人员、材料、方法等进行有效的管理，包括整理（Seiri）、整顿（Seiton）、清扫（SeiSo）、清洁（SeiketSu）、素养（ShitSuke）、安全（Security）6个要素，简称为6S］管理。每周对宿舍内的桌面用1∶200"海威可"全覆盖擦拭消毒至少1次，每周对宿舍地面用1∶200"海威可"全覆盖拖地消毒至少1次。宿舍产生的生活垃圾严禁随意丢弃，每个宿舍设立垃圾桶，收集生活垃圾定期集中处理，严禁随意丢弃。生活区宿舍外周设置带盖可移动式的垃圾桶至少3个，对生活区产生的垃圾实施分类集中暂存。

餐厅管理：每日饭后由值日人员认真对餐厅地面、餐桌、餐椅进行清洗打扫，做到餐桌、餐椅的干净整齐，做到"五无"标准，即无灰尘、无痰迹、无水迹、无油迹、无饭粒。每周在地面打扫干净后，用沾有"海威可"的拖布对地面进行消毒处理2次，用沾有"海威可"的抹布对餐桌进行消毒2次，并做好消毒记录。在餐厅安装紫外灯2~4盏，每天紫外灯照射消毒30~60分钟。消毒时人员必须离开，以防灼伤。餐厅要做好防蝇工作（安装门帘、纱窗和灭蝇灯），严禁出现苍蝇。剩饭剩菜必须做到日产日清；剩饭剩菜必须实行密闭性转运（务必装在质量好、密封性好的垃圾袋子里面），具有餐厨废弃物标识且整洁完好，转运过程中不得泄露、撒落，投放至垃圾池内后保证包装完好。

⑤第五道防线：生产区防线是实现猪场生物安全的第五道防线，为猪场最后一道防线，进入生产区的所有人员、物资必须再次进行彻底消毒方可进入。具有进行养猪生产、对人员进行检查和监督，进入生产区人员进行洗澡和对进入生产区物品进行消毒的功能。

人员换洗通道：生产区人员换洗通道为人员在生活区进入生产区专用换洗通道。主要功能为员工进入生产区提供洗澡换衣场所，分为脏区、淋浴区、净区三部分。

人员进入人员换洗通道将全部衣物放入脏区衣柜内，并剪掉长指甲。人员进入淋浴区进行淋浴10分钟，使用洗发水和沐浴露对全身进行清洗。清洗完成后进入净区，更换生产区专用衣物，进入生产区。人员换洗通道定期使用"海威可"、臭氧进行消毒。

物资消毒通道：生产区物资消毒通道为物资进入生产区的消毒通道。消毒通道主要功能是对进入生产区物资进行消毒处理。

物资进入生产区前，放入物资消毒通道，对物资使用臭氧熏蒸的方式进行消毒处理。手机、电脑等个人物品使用"海威可"擦拭消毒进入生活区。物资消毒通道定期使用1:200"海威可"进行消毒。

餐厅管理：每日饭后由值日人员认真对餐厅地面、餐桌、餐椅进行清洗打扫，做到餐桌、餐椅的干净整齐，做到"五无"标准。每周在地面打扫干净后，用沾有消毒液的拖布对地面进行消毒处理2次，用沾有消毒液的抹布对餐桌进行消毒2次，并做好消毒记录。在餐厅安装紫外灯2~4盏，每天紫外灯照射消毒30~60分钟。餐厅要做好防蝇工作（安装门帘、纱窗和灭蝇灯），严禁出现苍蝇。剩饭剩菜必须做到日产日清；剩饭剩菜必须实行密闭性转运（务必装在质量好、密封性好的垃圾袋子里面），具有餐厨废弃物标识且整洁完好，转运过程中不得泄露、洒落，投放至垃圾池内后保障包装完好。

猪舍管理：各猪舍工作服、工作器具全部实行颜色管理，严禁串舍交叉。死猪处理必须当日完成。从每个单元猪舍转出死猪前，对其全身喷淋1∶200"海威可"，放置在便于转运出舍的廊道处；于下班前再通过死猪出口或出猪台转出猪舍。

猪舍内垃圾使用垃圾袋进行密封处理，先集中放置在通往出猪台的廊道上，每10天通过出猪台向外转运1次，然后运至生产区垃圾池内暂存，由环保区人员处理。

2. 切断传播途径

根据非洲猪瘟接触性传播的特点，通过隔离、洗、消、烘等多种措施，有效消除与猪接触的载体带毒，达到切断传播途径的目的。

（1）猪及猪精液。

①猪：严禁传统的场外散养和放养模式，防止家猪与野猪接触，避免家猪在外随意采食丢弃的垃圾食物。实施"全进全出"管理制度，猪场根据饲养单元大小，确定饲养量，实行同一批次猪同时进出同一猪舍单元的饲养管理制度。

严格执行引种检测、隔离，坚持自繁自养。引种前需经过非洲猪瘟等重大动物疫病检测，确认阴性，可进行场外或场内特定区域隔离检疫，确认安全方可引种。对于只养育肥猪的猪场，全部空栏消毒后再购入仔猪，并应到非疫区、有良好声誉和信用的正规养猪场，经官方兽医检疫合格后方可购进，并注意观察入场后健康情况。

做好非洲猪瘟的日常巡视排查，便于早发现、早检测、早扑杀。一旦发现猪只精神不好，厌食，体温升高，皮肤发红等临床症状，甚至发病、死亡猪只增多的情况，要及时向当地兽医部门报告，也可采集口腔液、粪便拭子等送检，以便及早采取有效的控制措施。

养猪场户应当按照《中华人民共和国动物防疫法》要求，主动履行强制免疫责任。要在当地动物疫控机构的指导下，按照科学的免疫程序，做好生猪口蹄疫、猪瘟等重大疫病的免疫，尤其是春季、秋季集中免疫工作，做好免疫抗体监测和评估，同时注意补栏补针，预防重大动物疫病的发生。

对引种猪场进行病原检测；对车辆进行检测，使用外部拉猪车运猪；按照规定线路行驶，避开疫区、集贸市场等风险高发区；运至场内洗车点进行清洗消毒；驶入场内卸猪台进行猪只装卸；猪只进入隔离舍进行隔离；车辆进入洗消中心进行彻底清洗消毒；车辆返回引种猪场。

②猪精液：猪精液运送至洗消中心物资消毒通道，去除最外层包装然后，使用"海威可"进行喷洒消毒；使用专用猪精液运输箱运送至生活区物资消毒通道，再去除一层包装，使用"海威可"进行喷洒消毒；使用专用猪精运输箱运送至生产区物资消毒通道，去除所有包装，使用"海威可"进行喷洒消毒，进入猪舍。

（2）人员。

①猪场生产人员：猪场生产人员在进场前3天不得去其他猪场、屠宰场、动物诊疗场所、无害化处理场、农贸市场（特别是猪肉摊点）及动物产品交易场所等高风险场所。返回猪场前，在家里自行隔离24小时以上，隔离期间不要接触活猪、生鲜猪肉以及猪肉制品。到达隔离宿舍隔离48小时，每天洗澡。隔离结束后，专车送至洗消中心，到达洗消中心后进行洗澡后进入隔离区，隔离区宿舍隔离24小时。隔离区宿舍隔离结束后，洗澡进入生活区，在生活区隔离24小时，隔离结束后，方可洗澡进入生产区工作。原则上，对进入生活区的员工进行表面采样，不应检出非洲猪瘟病毒核酸阳性。

根据不同区域生物安全等级进行人员管理，人员遵循单向流动原则，禁止逆向进入生物安全更高级别区域。要按照规定路线进入各自工作区域，禁止进入未被授权的工作区域。每栋猪舍入口处都应该放置含有"金保安"溶液（一种复合醛溶液）的消毒池（桶）、含有"海威可"的洗手消毒盆。进出猪舍前注意洗手，清洗、消毒工作靴。

②场外专业任务人员：料车司机进入猪场前，在家里自行隔离24小时以上，隔离期间不要接触活猪、生鲜猪肉以及猪肉制品，更不要到养殖场、动物诊疗场所、屠宰场、农贸市场（特别是猪肉摊点）等高风险场所。司机装车前应进行表面采样检测，若检出非洲猪瘟病毒核酸阳性，应重新洗澡、更衣。司机进入猪场中转料塔进行转料前，应在前置门卫司机专用更衣间套上防护服，在转料全过程不允许下车走动。

有条件的猪场可相对固定外来拉猪车辆并安装全球定位系统（GPS）进行管控，原则上该司机应24小时内未接触养殖场、农贸市场等高风险区域。到达规定地点前应洗澡、更衣，并需进行采样，采样检测合格后方可进入中转对接点待售区。

尽可能减少外来无关人员进入场内。确需进场外来服务人员在进入猪场前，在家里自行隔离24小时以上，隔离期间不要接触活猪、生鲜猪肉以及猪肉制品，更不要到养殖场、动物诊疗场所、屠宰场、农贸市场（特别是猪肉摊点）等高风险场所。到达隔离宿舍隔离24小时，每天洗澡。隔离结束后，专车送至洗消中心，到达洗消中心进行洗澡后进入隔离区，隔离区宿舍隔离24小时方可开展工作。

外来访客人员进入猪场前，在家自行隔离24小时以上，隔离期间不要接触活猪、生鲜猪肉以及猪肉制品，更不要到养殖场、动物诊疗场所、屠宰场、农贸市场（特别是猪肉摊点）等高风险场所。到达隔离宿舍隔离24小时，每天洗澡。隔离结束后，专车送至洗消中心，到达洗消中心进行洗澡后进入隔离区，隔离区宿舍隔离48小时方可开展工作。

（3）车。

①料车：料车分为场外料车和场内料车。场外料车必须为集团自行购买或长期合作车辆，必须按规定线路行驶，避开疫区、人口密集区、屠宰场等风险高发点；料车到达洗消中心后按照清水清洗，泡沫清洗，消毒药消毒，烘干消毒步骤进行清洗消毒；料车驶出洗消中心后达到隔离区洗车点，进行再次消毒和甲醛熏蒸；场外料车在隔离区将饲料放入生活区中转料塔内。

场内中转料车只允许在生活区使用，严禁驶出生活区。必须在场内洗车房内、每半个月清理、清洗和消毒1次，清理、清洗和消毒部位为驾驶室内部和外部、车体（含料灌顶）、底盘和轮胎，清洗标准必须达到眼观无泥沙、无粪污；流程参照饲料车辆洗消流程执行。

②拉猪车：场内拉猪车仅允许在场内生活区使用，用于将猪舍内猪只转运至售猪房，禁止用于其他用途及驶出生活区。在当天的中转运猪后，必须进行彻底的清洗、消毒和干燥，清理、清洗和消毒部位为驾驶室内部和外部、车体、车厢、底盘和轮胎，清洗标准必须达到眼观无泥沙、无粪污、无猪毛。

场外中转车必须为猪场自行购买或长期合作车辆；场外中转车运猪前首先在场外初洗点进行清水清洗、泡沫清洗、液体消毒药消毒；初洗点清洗消毒后车辆进入固定地点进行采样检测，检测合格后方可驶入洗消中心；驶入洗消中心后经过清水冲洗、泡沫清洗、液体消毒药消毒、烘干消毒后驶入隔离区洗车点；场外中转车在隔离区洗车点进行二次液体消毒药消毒和多聚甲醛熏蒸消毒，方可开展中转运猪工作。

外部运猪车辆需提前24小时到达指定地点，在指定洗车点进行清洗消毒，开具洗消合格单。然后驶入固定地点进行采样，采样合格后驶入中转对接点待售区，进行再次消毒。静置12小时后，方可开展转猪工作。

③维修车：维修车分为场内维修车和场外维修车。场内维修车必须专车专用，只允许在生活区内使用，必须定期进行彻底的清洗、消

毒和干燥，清理、清洗和消毒部位为驾驶室内部和外部、车体、车厢、底盘和轮胎。

场外维修车为猪场专用车辆，仅允许为猪场维修使用，使用完成后维修车需行驶至场外初洗点对场外维修车进行清洗消毒。

④物资运输车：场内运输车必须专车专用，只允许在生活区内使用，主要用于库房物资运至生产区使用，必须定期进行彻底的清洗、消毒和干燥，清理、清洗和消毒部位为驾驶室内部和外部、车体、车厢、底盘和轮胎，流程参照转猪车辆洗消流程执行。

场外物资运输车为场外隔离宿舍至洗消中心运输物资专用车辆，专车专用，每次运输物资完成后到达场外初洗点进行清水清洗、泡沫清洗、液体消毒药消毒处理，然后停放至专用地点。

场外物资中转车为洗消中心至隔离区运输物资专用车辆，每次进入隔离区需在隔离区洗车点内进行消毒处理，专车专用。

（4）饲料。禁止从疫区购买玉米等饲料原料，确保饲料无病原污染。了解购进的全价饲料是否含有猪源性饲料添加剂，避免饲料中添加猪源性饲料添加剂，特别是乳猪料。

①料车管理：料车必须为集团自行购买或长期合作车辆；场外料车行驶必须按照规定线路行驶，避开疫区、人口密集区、屠宰场等风险高发点；料车到达洗消中心后按照清水清洗，泡沫清洗，消毒药消毒，烘干消毒步骤进行清洗消毒；料车驶出洗消中心后达到隔离区洗车点，进行再次消毒和甲醛熏蒸；场外料车在隔离区将饲料放入生活区中转料塔内。

②料塔管理：料塔每次转入饲料后必须关闭上方料塔盖；料塔设置驱鸟器，防止鸟类落至料塔。

③料库管理：袋装料需要设置中转料库，中转料库设置在隔离区，料库内饲料呈批次化管理，每次新入饲料后使用甲醛熏蒸消毒后，才能运输至生产区待用。

（5）兽药疫苗。

①兽药：兽药来源必须为专业厂家生产，包装完好无破损；兽药

到达隔离宿舍库房使用臭氧熏蒸消毒；运输至洗消中心，取出最外层包装使用1∶200"海威可"浸泡30分钟消毒处理；运至生活区物资消毒通道，进行臭氧熏蒸后放入生活区药房；进入生产区物资消毒通道必须为不可拆分最小包装，使用臭氧熏蒸后方可进入生产区使用。

②疫苗：疫苗必须为专业厂家生产，包装完好无破损；疫苗运至洗消中心，去除外包装在洗消中心物资消毒通道内使用1∶200"海威可"浸泡2分钟消毒处理；使用专用疫苗运输箱将疫苗运输至生活区物资消毒通道，拆掉包装，为不可拆分最小包装，然后使用"海威可"进行喷洒消毒，进入生活区疫苗室；疫苗进入生产区物资通道使用"海威可"进行喷洒消毒，方可进入生产区使用。

（6）有害生物等虫媒控制。有害生物包括软蜱、蚊、蝇、鼠、野鸟。

①环境安全：了解猪场所处环境中是否有野猪等野生动物，发现后及时驱赶；选用密闭式大门，日常保持关闭状态，只留大门口、出猪台、粪尿池等与外界连通；保持猪场外实体围墙或隔离设施完整，定期巡视，发现漏洞及时修补；场内禁止饲养宠物；发现野生动物，应及时驱赶和捕捉；禁止种植攀墙植物。

②软蜱：所有的房间（除洗车房和烘干房外）安装纱窗和门帘；生产区内所有窗户禁止打开；猪舍内缝隙、孔洞是蜱虫的藏匿地，可向内喷洒杀蜱药物（如菊酯类、脒基类），并用水泥填充抹平。定期使用辛硫磷对各区域及猪舍内进行喷洒驱软蜱。

③蚊、蝇：所有的房间（除洗车房和烘干房外）安装纱窗和门帘；各区域房间与外界联通的所有出入口安装门帘，所有夏季开启的窗户安装纱窗；物料通道脏区门、洗澡通道脏区门和送饭通道门都安装门帘；猪舍进风口和排风口安装防蚊蝇网，猪舍外部每个风机口处要安装西服里子材质的风机罩（每年开春前安装上）；生活垃圾（特别是食物残渣）、死猪无害化处理、粪尿处理等须规范，防止招引蚊蝇；垃圾填埋点、垃圾池、死猪处理区等区域，定期使用"奥畜宁"立体灭蝇："氯菊·烯丙菊"喷雾猪舍以快速杀灭蚊蝇＋"吡

丙·噻虫嗪"喷雾滋生地以控制虫卵 + "呋虫胺饵剂"投放在苍蝇滋扰场所以诱杀苍蝇。

④鼠：及时清理料塔及其附近散落的饲料，避免吸引鼠类等动物靠近；生活垃圾特别是剩菜剩饭包装密封后，放置到垃圾池，及时进行无害化处理，防止招引鸟类；各猪舍外墙根处铺设80厘米宽碎石带，出入口处必须安装挡鼠板防鼠，挡鼠板高度不低于60厘米，如物流消毒通道入口、洗澡通道入口、死猪出口等所有与外界连通的口必须安装挡鼠板；聘请专业灭鼠公司每季度对全场内外进行灭鼠1次或对场内灭鼠工作进行指导；隔离区和生活区防鼠工作必须开展，防止鼠类进入餐厅、库房和宿舍房间等所有与外界连通的出入口安装挡鼠板。

⑤野鸟：料塔及其附件需安装驱鸟器，每个料塔至少安装2个驱鸟器；猪舍与外界联通的孔道等安装铁纱窗防鸟；及时清理料塔及其附近散落的饲料，避免吸引鸟类等动物靠近；生活垃圾特别是剩菜剩饭包装密封后，放置到垃圾池，及时进行无害化处理，防止招引鸟类；把距离场区栅栏100米以内的所有鸟巢拆掉；场区四周鸟类聚集点安装防鸟网。

（7）食品。

①厨房食材：入场食材要求生产、流通背景清晰可控，无病原污染；食材采购点不应经营猪肉、牛肉、羊肉等制品，且距离前述危险物品经营点100米以上；蔬菜和瓜果类食材无泥土、无烂叶，原则上应与大棚种植菜农直接对接，如不能实现，必须在不经营肉品的蔬菜店采购蔬菜；采购的食材必须于洗消中心进入隔离区物料消毒通道，物品在物料消毒通道70℃保持30分钟可进入；进入隔离区厨房库房，再次使用臭氧进行熏蒸；库房每天用紫外线照射消毒30~60分钟。进入生产区的饭菜，应由猪场厨房提供熟食，生鲜食材禁止进入；饭菜容器经消毒后进入。

②小食品：所有小食品均由猪场专人统一采购，禁止采购与猪肉及其制品相关食品；在隔离区设置超市，为放置小食品地点；所有小

食品在隔离宿舍库房使用臭氧熏蒸；运送至洗消中心进行70℃保持1小时；进入隔离区超市进行臭氧熏蒸；进入生活区前使用"海威可"进行喷洒消毒，通过传递窗传入生活区；所有小食品禁止进入生产区。

（8）个人携带物品。个人仅允许携带手机、电脑、充电器、书、药、烟、茶，其他物品一律禁止进入，由场内统一提供。手机、电脑等电子设备和精密仪器，不能使用臭氧消毒的，可使用1∶200"海威可"消毒剂进行擦拭消毒，然后通过紫外传递窗进入猪场或生产区。除手机、电脑外，所有个人物资全部进行70℃保持1小时进行消毒处理。进入生活区物资使用臭氧进行熏蒸消毒。进入生产区物资使用臭氧进行熏蒸消毒。

（9）水。猪场饮水是非常危险的传播途径，尤其是在雨季，地表水容易被污染。猪场水源最好是来自深水井（深150米以上），并设置蓄水池对水进行消毒处理。场区内根据蓄水池内水的使用情况（如3天用完，则每3天必须添加1次，如1天内用完，则每天必须添加1次），及时向蓄水池内添加配置好的二氧化氯消毒粉溶液或生活饮用水级漂白粉，该溶液必须现用现配，配置时使用专用量具。

猪场必须指定专人进行此项工作，并进行记录，生物安全监督检查员负责日常检查，兽医负责抽查。

（10）污物。

①病死猪：猪场死猪、死胎及胎衣严禁出售和随意丢弃，及时清理并放于指定位置。场内没有条件无害化处理的，需由地方政府相关部门统一收集进行无害化处理。如无法当日处理，需低温暂存。

②粪便、污水：使用干清粪工艺的猪场，要及时将干粪清出，运至粪场，不可与尿液、污水混合排出；清粪工具、推车等用后及时清洗、消毒；使用水泡粪工艺的猪场，及时清扫猪粪至漏缝下的粪池。猪场的贮粪场所，应位于下风向或侧风向，贮粪场所要有防雨、防渗、防溢流措施，避免污染地下水。在粪便收集、运输过程中，应采取防遗撒、防渗漏等措施。应做到雨水、污水的分流排放，污水应采用暗沟或地下管道排入粪污处理区。

③餐厨垃圾：每日清理，严禁用于饲喂猪只。

④医疗废弃物：包括用过的针管、针头、药瓶等，须放入有固定材料制成的防刺破的安全收集容器内，不得与生活垃圾混合；严禁重复使用。可按照国家法律法规及技术规范进行焚烧、消毒后集中填埋或由专业机构统一收集处理。

⑤生活垃圾：生活垃圾应源头减量，严格限制使用不可回收或对环境高风险的生活物品；场内设置垃圾固定收集点，明确标识，分类放置；垃圾收集、储存、运输及处置等过程须防扬散、流失及渗漏。生活垃圾按照国家法律法规及技术规范进行焚烧、深埋或由地方政府统一收集处理。

3. 保护易感动物

ASFV可经过口和上呼吸道系统进入猪体，在鼻咽部或是扁桃体发生感染，病毒迅速蔓延到下颌淋巴结，通过淋巴和血液遍布全身。ASFV也可通过其他破损的皮肤或黏膜感染。因此，保护和提高皮肤、黏膜屏障功能，提高猪健康度，继而提高猪的非特异性免疫功能，这对预防非洲猪瘟发生是非常重要的。

（1）保护和提高皮肤黏膜屏障功能。具体措施有减少猪舍内粉尘，降低猪舍内有害气体浓度，选择适宜的消毒剂和科学消毒，科学接产和子宫冲洗，防控好支原体肺炎、萎缩性鼻炎、疥螨、猪繁殖与呼吸综合征（PRRS）等疫病，使用不损伤皮肤的地板，预防疥螨、口蹄疫、咬架、吸血昆虫叮咬，采血、注射、剪齿、断尾、断脐等伤口科学处理，补充锌、维生素和必需脂肪酸，饲料中添加能提高口鼻黏膜屏障功能的添加剂（中药、甘露寡糖、果寡糖、低聚壳聚糖、维生素、有益菌、柠檬酸），营造酸性的、富含益生菌的环境等。

（2）提高猪群健康度。具体措施有使用优质饲料（优质清洁原料＋精准配方＋加工工艺＋功能性添加剂组合＋不含动物源性成分＋不添加抗生素），以满足不同品种、不同品系、不同阶段猪的生理需要、福利需要、维持需要、生长需要、繁殖需要、免疫需要、抗病需要；使用富含益生菌、有机酸、消化酶、小肽等代谢产物的优质生物发酵饲料，提高机体非特异性免疫力；饲料中适当添加复合有机酸化剂、微生态制剂、益生菌／益生元、植物精油、免疫激活物、抗菌肽、酶制剂、有机微量元素和功能性氨基酸、中草药制剂及植物提取物／发酵中药等功能性物质，提高机体非特异性免疫力；保持猪舍内适宜的温度、湿度、密度、通风度、光照度、卫生洁净度，减少或避免应激，让猪吃好、喝好、吸好、住好、睡好、玩好、拉好；预防PRRS等基础性疾病，及时淘汰弱猪僵猪，调理亚健康猪，提高猪群整体健康度。

（四）精准清除技术

农业农村部关于印发《非洲猪瘟疫情应急实施方案（2020年第二版）》的通知（农牧发〔2020〕21号）中规定：养殖场户自检发现阳性的，应当按规定及时报告，经县级以上动物疫病预防控制机构复核确认为阳性且生猪无异常死亡的，应扑杀阳性猪及其同群猪。对其余猪群，应隔离观察21天。隔离观察期满无异常且检测阴性的，可就近屠宰或继续饲养；隔离观察期内有异常且检测阳性的，按疫情处置。这种处置方式通常称为"精准清除"。要做到真正的"精准清除"，必须做到以下几个方面。

1. 防止污染

非洲猪瘟是高度接触性、传染性疾病，非洲猪瘟病毒在猪群中传播速度较慢。研究表明，在自然传播条件下，1个潜伏期内，猪与猪直接接触只感染3头猪，但猪场发生非洲猪瘟之后，往往会出现大面积污染。造成这种大面积污染主要是因为工人在生产操作过程中存在交叉污染。因此，只有在日常工作中做好场内人员防交叉污染，才能在感染非洲猪瘟病毒后，不会出现太大的污染面，为精准清除打好基础。猪场应当排查场内交叉污染的情况，然后进行改善。如人工喂料、人工清粪、一人多岗、体温计用完后不消毒、注射猪不换针头、工作服不消毒等都会产生交叉污染。

"精准清除"期间，不冲栏、不清扫、不注射、不转群、不串岗，一切冷"静"处理，全场处于静默状态直至猪场平稳，以"静"制动，目的是减少人和猪的接触，减少粉尘和气溶胶的产生，减少应激，防止病毒扩散和传播。

2. 及早发现

非洲猪瘟的临床症状很多，但是比较普遍且最易观察到的症状就是采食量下降、拱料不吃料、发烧、流产和突然死亡等。所以当有猪不吃料或剩料，且体温高于40℃时，猪场应当提高警惕，及时采样送检。发现越早、污染面越小，精准清除的成功率越高。

疑似发生非洲猪瘟时，应对全场所有公母猪进行全面监测，对每个肥猪栏采样监测，而不是抽检，确保全部筛查、不漏掉1头阳性猪。对公母猪同时采集不同样品进行检测，只要其中有1个样品检测结果是阳性或可疑的，应第一时间电击处死后用密封袋装好，进行无害化处理，确保污染区域最小化。疑似发生非洲猪瘟后，24小时内对所有公母猪和每栏猪采样完毕并马上送检。检测结果出来之后，对所有阳性猪、可疑猪于24小时内全部进行无害化处理，以减少病毒扩散。

3. 及早确诊

荧光定量PCR是目前检测非洲猪瘟病毒最准确的方法之一，现在很多省市都有第三方检测中心，猪场如果有条件也可以自己建实验室。不管是送检还是自检，都应早确认、早处置，提高精准清除的成功率。"精准清除"期间每周普检2次，稳定之后每2周抽检1次，发现任何异常及时检测，确保早发现、早处置。

4. 理性对待

猪场一旦确诊感染了非洲猪瘟病毒，不要恐慌、不要急于大量卖猪甚至清场。一定要先冷静下来，制定精准清除方案。猪场要参加精准清除的培训，掌握精准清除的理论知识和实操规范，同时，猪场还要制定防控非洲猪瘟的应急预案，备好应急物资，树立精准清除的信心。这样，在猪场确诊感染非洲猪瘟后，能够有条不紊地进行精准清除。

5. 快速处理

应清除非洲猪瘟阳性猪附近多大范围的猪？如何在清除阳性猪的

过程中不污染其他猪和环境？这是两个关键问题。

（1）针对通槽饮水的定位栏，清除点是阳性猪及其左右各2头母猪。如果定位栏猪头对猪头的走廊距离小于90厘米，则还要清除阳性猪对头的3头母猪；如果定位栏猪头对猪头的走廊距离大于90厘米，在对面的猪可以先不用清除。同时整个通槽全部采样普检，若全为阴性，持续观察7天；如果1个通槽出现3处及以上分散的疫点，则清除整个通槽的母猪。

（2）针对单体料槽的定位栏，清除点是阳性猪及其左右各1头母猪。如果定位栏猪头对猪头的走廊距离小于90厘米，还要清除阳性猪对头的3头母猪。如果定位栏猪头对猪头的走廊距离大于90厘米，对面的猪可以先不用清除。同时，需要对阳性猪周围前3头、后面3头、左右各3头母猪进行采样检测，若全为阴性，则持续观察7天。

（3）针对产房，产房之间如果用PVC实体板分隔，只需清除阳性猪这栏母猪及仔猪；如果用栏杆分隔，则清除阳性猪及其左右各1栏的母猪及仔猪。

（4）针对大栏饲养（包括母猪、保育猪、育肥猪），如果用栏杆分隔，则清除发病猪栏所有猪及其左右各1栏所有猪；如果用实体墙分隔栏，则清除发病猪栏所有猪。

清除过程一定要做好防护，防止病毒污染环境和其他猪。要有专职人员负责清除阳性猪。清除人员做好全方位的防护，清除过程要穿两层防水隔离服、先戴乳胶手套再戴上一次性长臂手套、穿水靴。清除过程结束后，所有参与人员把水靴泡在火碱池中，衣服用1∶100"海威可"浸泡消毒，然后高温烘干（90℃，60分钟）。赶猪时，定位栏和产房要从猪屁股的方向走。所有赶猪通道铺置两层彩条布，要求两侧高1.2米以上。赶完猪后，先把舍内彩条布收起来，再从里向外逐步摘下彩条布，最后把所有彩条布和隔离服一起焚烧处理。赶猪通道用2%火碱消毒，用水量要达到1000毫升/米²。

6. 科学消毒

精准清除过程中消毒是一个非常重要的环节。"精准清除"期间与猪场平稳期，坚持选用优质的消毒剂，强化消毒、科学消毒、使用正确的消毒方法。重点分为几个方面。

（1）环境及阳性栏位消毒。猪场内外环境用 2% 火碱溶液进行喷淋消毒，用量要达到 1000 毫升 / 米^2。舍内走廊和阳性栏位消毒时，禁止用消毒机消毒，要用喷淋或浇泼的方式进行，防止消毒液四溅，扩大污染面。可以在地面铺上毛毡，再撒火碱溶液，使路面和猪舍的走廊一直保持有火碱溶液浸泡的状态。

（2）工作服消毒。员工每天上班洗澡、及时更换生产区衣物（每天上午、下午各 1 套），换下的工作服用 1∶200 的"海威可"浸泡 30 分钟，然后清洗、烘干（90℃，60 分钟）。生活区的衣服也要每天高温烘干消毒 1 次。

（3）生活区消毒。生活区地面每天用 1∶200 的"海威可"喷洒消毒，消毒液用量 300 毫升 / 米^2；门把手、手机、遥控器等用 1∶200 的"海威可"擦拭。

7. 准确评估

因为非洲猪瘟强毒株感染的潜伏期大部分约为 7 天，所以我们一般定义 7 天为 1 个阶段，连续 7 天没有检测到阳性猪、环境检测也是阴性，说明过去这段时间的防控工作是有效的；如果连续 3 个潜伏期（21 天）没有检测到阳性猪、环境检测也是阴性，则可以判定精准清除取得了初步成功，可以恢复配种、转群等生产操作。但是还需要继续做好防护和消毒工作，直至连续 42 天没有阳性猪、环境检测也是阴性，才可以说明这次精准清除已经成功了。

8. 提高阈值

加强黏膜屏障功能，提高机体非特异性免疫力在精准清除中非常重要。提高饲料营养浓度、饲料中适当添加提高非特异性免疫力的功能性物质、饮水中添加抗应激添加剂等。

9. 方案科学

发病当天即制定并开始执行"精准清除"方案，包括监测、异常猪处置、物资采购、人员安排等。在精准清除过程中，场内每天需开晨会，总结前一天的工作内容，分析阳性猪的分布与发展趋势，布置当天的工作，强化防控的细节要求，对精准清除的每个环节操作开展理论讲解、现场示范、操作实践等一对一的培训，使员工真正掌握日常防护、阳性猪处理、采样等操作。

10. 执行到位

"精准清除"期间，安排一名专门的技术员在场内亲自落实各项措施，督促所有人员严格操作，确保人员管理按实施方案中的要求落实、落细，及时清除所有风险点，确保隔离、消毒有效，确保"精准清除"过程中病原最大限度地不向外扩散。在执行过程中，每个工作内容都要有人监督，确保员工操作正确，细节执行到位。

（五）非洲猪瘟"精准清除"成功案例

"精准清除"，是指将发病猪或感染猪从猪场中快速精准剔除出去进行无害化处理的过程。科学规范精准清除，对保持猪场稳定和成功复养影响很大。以下精准清除成功案例比较典型，猪场可以借鉴。

1. "精准清除"经过

某猪场共有猪舍9栋，存栏1570多头，其中经产母猪122头，后备母猪较多，大大小小约有150多头。栋与栋之间连接较为紧密，距离不足8米，但生活区、饲料房、生产区间隔明确。栏舍都是水泥漏缝地板，两栋肉猪舍和保育舍有自动投料系统，自由采食，其他猪舍人工投喂。人员、物品进出均严格消毒，饲料进场和卖猪均由场内专用车中转。

9月12日发现2头重胎母猪厌食，体温40℃。马上采血送检，ASFV阴性。常规处理后食欲、体温恢复正常。9月22日，12日发病"治愈"的其中1头母猪又出现厌食、发烧，再次送检，结果鼻拭子和血液样品检测ASFV均呈阳性。9月24日和25日陆续出现临床表现异常的母猪7头和肉猪2头，送检结果均为阳性。在9月22日那头发病母猪检测结果为阳性后，猪场立即采取如下紧急措施。

（1）每吨饲料添加"助力强"3千克+"柠檬康"7.5千克+"维酶素"2千克+"大败毒"2千克+"维康灵"1千克。

（2）所有饮水全部用漂白粉（次氯酸钙）处理，使水的氧化还原电位在 650 毫伏以上；每天用 1∶200"海威可"（过硫酸氢钾复合盐）带猪消毒 2 次，用 1∶400"海威可"冲洗猪栏。

（3）所有人员每天下班后都要换衣服、换鞋，衣物全部用"洗消净"浸泡后清洗；所有人员进出栏舍均需用"海威可"洗手、均需经过用"金保安"浸泡的脚踏盆；全场所有区域（包括生活区的员工宿舍、食堂、管理区的办公室、赶猪道、生产区的饲料间及场区其他所有地方）每天用"金保安"或"海威可"消毒 2 次，人员经过的道路、工用具每天用"金保安"或"海威可"消毒 2 次。

（4）以栋舍为单位进行防控，任何人不得串岗，任何工具、物资均专用，用前先消毒；未经批准，任何人不得进入猪栏内、不得与栏舍内的猪直接接触；停止所有转群、断奶、查情、采精、配种、免疫、仔猪剪牙断尾补铁和注射操作；停止扫栏、高压冲洗猪圈；第一时间规划了一条"精准清除"专用通道、快速修建部分物理隔断；一次性购足所有必需的物资（包括饲料）、一次性销售场内 260 斤以上健康的肥猪，然后封场管理。

（5）立即将所有临床有异常表现的猪及普通弱猪电击致死，进行无害化处理；所有母猪及每栏肉猪采集口腔拭子或鼻拭子检测，结果为阳性和可疑的母猪全部电击致死，然后无害化处理；结果为阳性的肉猪的同栏猪全部无害化处理；间隔 7 天进行再次检测，之后只对有异常情况或疑似猪检测，发现阳性和可疑的猪只电击致死，然后无害化处理。

（6）采样与直接参与处理"感染"猪的人员的衣物鞋子帽子手套和直接用于处理"感染"猪的工具浸泡在"海威可"中，48 小时后再清洗；处理"感染"猪过程中经过的区域马上用"金保安"消毒，每天 3 次，连续 1 周。

经过 18 天封场管理和"精准清除"处理，猪场开始恢复正常生产，半年后全场存栏由发病前的 1570 头增加至 2330 头，其中生产母猪由原来的 122 头增加到 210 头。18 天中共处理阳性、疑似和老弱母猪

12头，处理肉猪36头（其中包括12头残次猪），正常销售260斤以上健康肉猪212头。

2."精准清除"反思

（1）及时发现、及时科学处理。

①发病后立即对全场所有公母猪进行监测，对每个肉猪栏进行监测，而不是抽检，确保全部筛查、不漏掉1头阳性猪。

②同时采集口腔拭子和鼻腔拭子进行检测，只要其中有1个样品检测结果是阳性或可疑的，即第一时间进行无害化处理，确保早期诊断，及时处理。感染后没有明显临床症状或没有出现病毒血症的猪只，尚未进行排毒或排毒很少，在这个阶段果断"精准清除"，不会导致病毒扩散，损失最小，效果最好。

③所有处理猪均为电击致死后，用密封袋装猪，进行无害化处理，大大减少了病毒扩散的风险。

④做到"2个24小时内"，即24小时内对所有公母猪和所有猪栏采样完毕，检测结果出来之后，对所有阳性猪、可疑猪于24小时内全部处理完毕，确保最小范围传播和扩散。

（2）加强消毒，冷"静"处理。

①由于发病猪对外排毒和采样时可能不小心引起的污染，导致环境病毒载量加大，所以选用优秀的消毒剂、使用正确的消毒方法，加强消毒、科学消毒非常重要。"精准清除"过程的强化消毒，能最大限度降低环境中的病毒载量，对尽早恢复正常生产有着重要作用。

②"精准清除"期间，不清扫、不冲栏、不注射、不转群、人员不串舍、不进出猪场，一切冷"静"处理，全场处于静默状态截止猪场平稳，以"静"制动，目的是减少人和猪的接触，减少粉尘和气溶胶的产生，减少应激，防止病毒扩散和传播。

（3）提高黏膜屏障功能，提高非特异性免疫力。

①"柠檬康"主要成分是枸橼酸钠，具有保护受损黏膜、促进代谢、抗应激、提升黏膜免疫能力和非特异性免疫力的作用；"助力强"主要成分是海藻寡糖复合物，可迅速在受损的黏膜层覆盖，降低因黏

膜损伤造成的病原侵入概率；可有效增强机体黏膜免疫反应，提高黏膜及体液免疫强度；可有效提升机体健康程度，提升机体各器官活力；可双向调节抗应激，增强肝肾代谢能力；"维酶素"主要成分是 B 族维生素和微量元素，具有黏膜修复和保护作用；"大败毒"主要成分是钩吻末，可促进血液循环和心肺功能。该场每天在饲料里添加"柠檬康""助力强"和"大败毒"，能维持猪群较好的非特异性免疫力，特别是提高了口鼻黏膜屏障功能，将病毒堵截在感染的必要途径口鼻之外，使得发生感染后，感染率不高，发病率不高，死亡率不高，这对"精准清除"后维持稳定发挥重要作用。

②"精准清除"过程强化消毒，因而可能导致应激增加。饲料中添加较大剂量的"维康灵"（主要成分是维生素电解质），具有较好的抗应激作用。

（4）方案科学，落实到位。发病当天即制定"精准清除"方案（包括监测方案、感染猪处置方案等），立即落实物资采购，安排专人在猪场内亲自指挥、落实各项措施，督促所有人员严格操作，确保"精准清除"措施落实、落细。

3."精准清除"总结

"精准清除"场要做到稳定生产，有三个前提。一是通过严格的生物安全措施，堵截病毒入场，并尽最大可能减少场内的病原交叉污染和扩散；二是通过严格的生物安全措施，将场内病毒载量降到最低；三是通过加强饲养管理和添加功能性物质，提高猪群口鼻黏膜屏障功能和机体非特异性免疫力，减少应激，提高感染阈值。

（六）定点清除场安全生产措施

1."定点清除"场的管理重点

阳性猪扑杀清除之后，非洲猪瘟病毒可能还会在猪场的土壤、阴沟、粪污池等生产区、管理区、生活区或者猪场周边的环境中存在。环境中的非洲猪瘟病毒可以通过人员、物资、车辆、蜱虫、苍蝇、蚊子、老鼠、猫、狗、鸟类及气溶胶等媒介带至猪舍内，进而再次感染猪。因此，加强环境中病毒的检测并采取有针对性的措施是"定点清除"场的管理重点。

由于非洲猪瘟定点清除过程中往往过度消毒、频繁检测，对猪群造成的应激比较大，影响猪群免疫力。因此，提高猪群免疫力是"定点清除"场的另一管理重点。

每间隔3~5天对围墙外道路、土壤、水源及猪场内道路、土壤、水源、工具、办公室、员工宿舍、厕所、食堂、饲料仓库、储物间、兽医室、集粪区、猪舍地面、饮水器、料槽及员工头发、指缝、工作服等采样检测。

如果猪场周边环境检测呈阳性，而场内检测呈阴性，猪场的管理重点是"御敌于围墙之外"。要强化围墙外围生物安全措施，严格把关人员入口、物资进口、出猪台以及猪粪、病死猪、淘汰猪、死胎和胎衣等出口，所有排水沟、排污口等猪场与外界相通的下水管道要能阻挡老鼠等动物进入猪场，围墙没有任何孔洞可确保围墙物理屏障功能的发挥，堵截非洲猪瘟病毒进入猪场。在这种情况下，没有必要开展经常性的带猪消毒。因为带猪消毒对猪的皮肤、黏膜是有损伤的，对猪舍环境是有不良影响的，对猪是会造成应激的。

如果猪场内环境检测呈阳性，而猪舍内检测呈阴性，猪场的管理重点是"御敌于猪舍之外"。通过强化猪舍外环境消毒、加强各种物理隔断、建立多级缓冲区等措施，降低病毒进入猪舍的机会。

如果猪舍内环境检测呈阳性，要保证猪群稳定生产的压力与难度非常大，猪场的管理重点是"御敌于机体之外"。要千方百计降低猪舍内病毒载量或消灭病毒，堵截猪舍内的病毒进入猪只机体；要想方设法保护和提高皮肤和黏膜的屏障功能，特别是提高鼻腔黏膜和肠道黏膜的屏障功能，堵截病毒进入体内。同时，要采取一切手段提高猪的免疫营养和抗病营养，提高机体感染阈值，防止猪只发病。

2."定点清除"场具体生产措施

（1）建立完善的生物安全体系。

①人员管理：所有人员从场外隔离区到场内隔离区、到生活区、再到生产区、最后进入猪舍，都要经过有效洗澡、换鞋、换衣、洗

手、脚踩消毒池（盆），并经检测合格。人员携带的所有物品存放于场外保管，或者经过严格的消毒并经检测合格后才允许带进猪场。生产人员不能与非生产人员直接接触，如果有所接触，则接触后必须洗澡、换衣。进入猪舍的所有人员穿戴生产区固定的、经严格洗消和检测呈阴性的帽子、手套、高帮胶鞋和工作服，并于每次下班后更换。猪场外围工作人员与场内生产人员不得直接接触。配备场内、场外专职生物安全员，负责消毒、病死猪处理、督查等工作。对所有人员加强过程管理，确保各项要求精准执行，各项具体措施逐项落实到位。

②物资管理：所有进场的生产物资和生活物资（包括饲料、原料、兽药、设备、工具、食品、烟酒等）均存放到场外专门的储物间，经烘干或浸泡或熏蒸或雾化或擦拭进行有效消毒，并经检测合格后才能进入生产区；手机、现金、首饰等在场外暂时储存，不建议带进生产区。消毒前清理所有杂物、去除所有外包装，杂物和外包装不进猪场，建议焚烧处理。厨房必须设置在场外区域，场外准备好饭菜后经消毒窗口无接触传送至场内。场内员工不得采购火腿肠、速冻水饺、方便面等含肉制品的产品。

③车辆管理：外来车辆（饲料车、物资车、轿车、电瓶车等）严禁进入猪场，拉猪车、拉粪车和病死猪处理车禁止靠近猪场。场内车辆（转猪车、清粪车、拉料车等）严禁出猪场，中转车辆只允许在规定的区域行驶。所有车辆靠近猪场前或使用前均需经洗消并检测合格。外来运猪车、运料车和物资运送车与猪场中转车均需在规定的中转区装卸，绝对不能越过中转区。中转区车辆、人员、工具绝对不能有任何交叉，中转区污水、洗消水流向污区。所有车辆均需专车专用、避免交叉，并在装卸前后由专人经过严格清理、清洗、消毒、烘干、检测，并单向流动。场内中转车、工具根据生物安全级别，决定是否开展检测。

④猪群管理：场内规划净道和污道，建立单独的病死猪和淘汰猪专用道，所有猪只单向流动、按规定路线行走，必要时赶猪通道铺设"U"字形彩条布或者地毯。正常猪销售、病死猪无害化处理、弱残猪

和种猪淘汰均由专人负责，生产人员不参与。做好对异常猪检测排查工作，在检测结果出来之前禁止注射治疗和使用退烧药，禁止对不明原因病死猪进行解剖。及时淘汰或无害化处理猪群中病、弱、残、僵等异常猪只，禁止产房仔猪寄养。引种或购进猪苗，必须做到猪只非洲猪瘟抗体阴性、抗原阴性、所引的猪场环境阴性、运猪卡车阴性、运输过程不被污染，并做好隔离、检疫、驯化。

⑤动物管理：猪舍安装防鸟网、防蚊纱窗、防鼠板，所有进出水口安装防鼠铁丝网，定期用化学、物理、生物等方法灭鼠灭蚊灭蝇灭蟑，清除猪舍周围杂草、积水，场内禁养鸡、鸭、鹅、猫、狗等动物。

（2）建立完善的监测预警体系。监测是"定点清除"场开展安全生产的重要保障。定期按一定比例对不同猪群和公猪精液采样检测，定期、多点对场内人员（人员的头发、鼻孔、耳、指缝、衣帽、鞋等）、环境（道路、土壤、气溶胶、仓库、厨房、厕所、化粪池、漏缝地板、风机口、料槽、饮水器、饮水等）和物资（进场物资、饲料、生产生活工具等）采样检测，对异常猪、进场所有人员和物资及时采样检测，对每头非正常病死猪进行检测。

密切观察猪群食欲、饮欲、精神状态、体温，统计分析生长情况、繁殖情况、发病率、死淘率等，评估猪群的健康状况。

追溯饲料、购猪车、员工食品来源，并评估其安全性。定期检查猪场围墙的完好性，定期检查洗澡房、储物间、洗消中心、烘干房的各种消毒设施及其他生产设施设备是否完好有效，定期检查各种消毒药是否过期失效。

要结合对猪群的监测、对样品的检测和对硬件检查的结果，经常性开展对猪场外部环境、猪场内部环境、猪场设施设备、猪场管理、猪群流动及员工工作落实情况等的风险评估，确定猪场的风险等级，建立预警机制，做到早发现、早预警、早处理，早控制。一旦排查到非洲猪瘟阳性，立即进入应急响应状态，按照农业农村部规定的要求上报、停止非必要的生产操作、精准扑杀、定点清除、封场管理。

（3）要有充足的人财物资贮备。由于"定点清除"场环境中可能存在病毒，病毒随时有可能进入猪只机体，这需要有充足的人财物储备以有效应对。加强对人员（包括场长、门卫、饲养员、后勤人员、场外生物安全专员等）系统规范的培训，提高全场所有员工的生物安全意识、责任意识，使其熟知各种规章制度，熟练掌握消毒、饲养、管理、猪群健康状况判别及处置的流程与技术技能。特别要对生物安全员等重点岗位人员进行操作规程培训，开展各种安全演练，确保应知应会。准备充足的物资（包括防渗裹尸袋、塑料布、消毒药、转猪车、隔离服、手套、采样物品等），随时、即时对猪场突发状况进行处置。准备充足的资金配置猪场设施设备，使用传感和物联网技术、智能环控及预警系统、智能监测管控系统，实现对猪场的远程管控，减少人猪接触频次。重点区域安装监控设备，强化过程管理。准备充足的资金购买优质饲料、兽药和其他生产生活用品，满足生产和生活需要，尽可能延长闭群生产时间，减少猪场人员与外界的接触，降低风险，保证猪场正常生产。

（4）加强精准的饲养管理。加强猪场饲养管理，控制好适宜的密度、温度、湿度、通风度、光照度、卫生洁净度，改善猪舍环境，减少不良环境产生的应激，保护机体屏障功能。加高、加固实心围墙，围墙外深挖防疫沟、设置防鼠隔离带、设置防鸟防蚊装置，定期使用化学、物理或生物方法杀灭蚊蝇鼠蟑。建立猪场外 500～3000 米、围墙外 10～100 米、围墙内 5～10 米、生活区与生产区之间、猪舍门口等多个缓冲区，尽量做到小单元化，猪栏之间采用实体墙、独立料槽、独立饮水器，以有效隔断传染源。转群、合群、分娩、断奶、注射等环节适当使用电解多维之类的抗应激添加剂，减少或避免生产过程中产生的各种应激。

许多研究与临床实践表明，优质生物发酵饲料富含多种活性益生菌、有机酸和小肽等代谢产物，能提高饲料适口性和消化吸收率，调节肠道生态平衡，提高肠道黏膜屏障功能，提高机体抵抗非洲猪瘟病毒的能力。通过适度的营养冗余、免疫营养、抗病营养、条件氨基酸、有机微量元素、多种维生素、膳食纤维等来降低动物的应激，提升机体抗病能力。做好各阶段猪饲料过渡，防止营养落差与应激。做好猪瘟等重大疫病防控工作，预防免疫抑制，降低继发感染风险。开展猪群驯化、闭群生产，维持生态平衡、菌群平衡，减少应激，堵截病毒进入机体。改善饲养方式，重视猪群福利，科学免疫与用药，做好饲料清洁、饮水清洁、空气清洁、环境清洁、人员清洁和猪群清洁等，为猪场打造一个绿色、清洁的环境，以提高猪群免疫力。

总之，"定点清除"场开展养猪生产的目标是通过加强生物安全与提高猪群免疫力，达到从环境中消除病毒，堵截病毒进入机体，从而实现猪群的稳定生产、正常生产、安全生产和高效生产。

（七）猪场复养标准化消洗及检测评估

1. 空栏标准洗消程序

（1）清扫。清除舍内的所有有机物，如粪便、灰尘、蜘蛛网等，以获取最佳的清洗效果。

（2）冲洗。使用高压清洗水枪（2~5兆帕）对栏舍彻底冲洗，尤其要做好栏位底部污物及粪沟的清洗，及时排出粪沟的污水。

（3）泡洗。先用清水喷洒待清洗区域，间隔20~30分钟后再用泡沫清洗剂"喜泡消"，调节好水压（1~2兆帕）将待清洗区域均匀地喷洒"喜泡消"，并保持泡沫浸润不少于20分钟；再用高压清洗水枪（5兆帕以上）冲洗"喜泡消"及顽固性污渍。

（4）消毒。待栏舍表面无水渍后，用"金保安"对栏舍均匀喷洒消毒，然后密闭；再次进行熏蒸消毒（高锰酸钾和甲醛比例1:2，高锰酸钾40克＋甲醛80毫升／米^3）。

（5）干燥。保证干燥时间不少于7天。

（6）ATP荧光检测：对栏舍内进行多点采样检测，进行清洗消毒的效果评估。

2. 水线消毒的标准化操作

猪场饮用水需要经过氯处理（3×10^{-6}~5×10^{-5}）；另外可以用磷酸（1:20）去除水中的生物膜。对水线进行检修时，尽可能清除水箱里的污物，并将管道中的水排尽然后灌注消毒剂，并保持作用时间不少于30分钟，然后再用清水冲洗管道。若需要清除水线中的水垢时，用"管消净"洗消，再经"海威可"消毒。

3. 洗消中心的车辆标准洗消程序

清理：首先清理车辆驾驶室以外的一切的可移动的物品，并清扫车厢内的粪便、垫料和毛发等运输途中产生的污物；使用高压水枪（2~5兆帕）对车辆进行彻底的清洗。同时司机到洗消点指定的淋浴室，先将手机交给生物安全专员，用酒精擦拭消毒后并放入密闭的封口袋中。将脱下的衣物放入指定脏衣筐中，进行洗浴并更换衣柜中的连体工作服和水鞋，由另一侧的净区门出来。

（1）冲洗。先使用洗涤溶液对驾驶室内的各部位进行清洁，然后刷洗干净驾驶室地面和踏板，最后使用消毒溶液对驾驶室内的所有部位喷雾擦拭消毒；使用高压水枪（5兆帕以上）清洗整体车身及车辆底盘，清洗人员对车厢顶部及侧面的清洗盲区再次进行处理。

（2）泡洗。使用专门的泡沫枪（1~2兆帕）对车辆全身均匀喷洒泡沫清洗剂，并保持泡沫浸润至少20分钟，再用超高压水枪（5兆帕以上）对车辆进行全面清洗。

（3）消毒。待车辆沥干后，再用低压或喷雾水枪（1~2兆帕）对车辆全方位喷洒"金保安"，并保持"金保安"与喷洒部位的作用时间不少于20分钟。

（4）烘干。将车辆开到烘干区，打开驾驶室门，让车辆尽快彻底干燥。

（5）ATP荧光检测。对车辆的清洗消毒盲区取样检测进行消毒效果评估。

4. 生产区清洗消毒

（1）消毒处理。猪群转走后，为防止病原的扩散，首先对走廊、地面和墙壁喷洒2%的火碱，作用1小时。对栋舍地面、道路进行彻底消毒。漏粪板地下污水按照2%的比例投放火碱，浸泡3天。

（2）准备工作。清空粪池，使粪池液面降至最低水平。拆除房间中的装置并清空料槽。移除生产车间所有的生产工具（包含一切可移动的推车等）、所有的木质材料、彩条布、扫把等低值易耗品，全部收集焚烧处理。

可以消毒的物品（饮水器、水龙头等）收集、清洗后用"众垢消"浸泡消毒48小时，在进行浸泡和冲洗前，将电机、电热器、非防水的插座包裹起来。

（3）热水浸泡。使用低压（1~2兆帕）喷枪自上而下将屋顶（天花板）、墙面、栏体、料线、水线、地面和道路等打湿，使用60℃的热水，每间隔30分钟打湿1次，持续2小时。浸泡时关闭风机或使用最小的通风模式，延长浸润作用时间。

（4）高压冲洗（包括屋顶、墙体、料管、栏体、地面和走廊、漏粪地板）。冲洗时采用60℃的温水，180帕的压力，按照从上到下的顺序，先顶部、墙面、再输料管、配量器、栏体、料槽、地面、漏粪地板。

①天花板冲洗：用广角喷头大面积冲洗。

②栏体／产床、料线等：在进行天花板冲洗时，任何与猪体直接接触的设备和部位都必须进行彻底的清洗，特别要注意那些猪舌头能接触的角落、夹缝部位，如猪栏门的横档、门铰合部、饲槽角落等。对于料管等要全方位进行冲洗，然后人工使用钢丝球擦拭栏杆、料筒、料线、百叶窗、风机叶片。输料管、配量器等塑料或者易损物件时要注意压力，近距离冲洗。注意不要用钢丝球刷产床，避免钢丝球对床面镀锌保护层的破坏。

③供水系统：病原体可能存在于供水系统的水箱、饮水器等，成为新的传染源，因此，需进行彻底的清理。水龙头、水碗等需拆下，排尽污水并反复冲洗。乳头状饮水器也应拆下，彻底清洗，然后在"众垢消"中浸泡48小时。

饮水头必须用高压水枪冲洗，然后用1∶200"海威可"冲洗，在完成上述步骤后再安装及用二氧化氯进行浸泡清洗，消毒液彻底消毒整个供水系统。注意猪舍空置期间应彻底放干供水系统中的残水。

④混凝土地面和走廊：高压水枪喷头距离地面以20~30厘米为

宜，冲洗可以除去附着在水泥地上的有害物质，辅以充分地浸泡，使用清洗剂将能更有效地除去可能存在的病原体。冲洗的污水均应通过下水道或排污管排出。

　　⑤漏缝地板：拆掉配怀舍两头和中间的几块漏粪地板，使用高压水枪清洗漏缝地板上下两个表面，两个侧面。下水道也使用高压水枪冲洗，随时保持通畅。在清理下水道或排污系统时，可能挖出污泥时会污染已清洁的猪舍，在清洗这些污物后，应再次清洗猪舍。

　　⑥电气设备：吊灯及灯罩、电气设备都必须手工洗刷清洁，消毒后方可使用。

　　⑦可移动的设备：小料槽、保温垫、保温灯、隔板、饮水器等，在"海威可"中浸泡48小时，大体积的水箱等可用作消毒浸泡容器。小料车等设备在舍外晒几周，然后再清洗消毒。

　　（5）泡沫浸泡。利用专用喷泡沫枪在天花板、墙体、栏体等喷洒"喜泡消"，注意喷出是扇形，泡沫状，可以附着在墙壁、栏体上，增加浸泡软化的时间。浸泡10~15分钟后再开始第二次冲洗。

　　（6）二次清洗。冲洗时采用60℃的温水，180帕的压力，按照从上到下的顺序，先顶部、墙面、输料管、配量器、栏体、料槽、地面、漏粪地板。

　　（7）清洗效果检查。由场长、车间主管对于清洗效果进行彻底检查，尤其注意漏粪地板背面、连接处缝隙、栏体与墙体接合部等；对于未清洗干净的地方进行粉笔标记，再次进行彻底清洗，清洗完成再次检查。

　　（8）粪沟污水排空。清空粪池，将液面尽可能降低，对地沟进行冲洗，清洗完成后，关闭漏粪地板下污水池的排水口。

　　（9）生产区消毒。

　　①第一次消毒：二次清洗结束，通风干燥48小时，充分干燥后进行一次彻底的消毒（2%火碱），地沟按照容积添加火碱进行消毒（配置终浓度2%），液面浸过漏缝板后浸泡消毒48小时。饮水系统使用"海威可"进行消毒。

②采样、二次消毒：第一次消毒，通风干燥48小时，彻底干燥后，对猪舍进行一次彻底清洗，干燥后采样检测 ASFV/PRRSV。然后进行第二遍消毒，建议选用"金保安"。

③第三次消毒、采样：二遍消毒结束，通风干燥48小时，对猪舍栏位固定处死角和料槽等死角进行火焰消毒，然后进行第三次消毒。

消毒采用高锰酸钾和甲醛熏蒸，完成猪场的清洗消毒后，多点采样（猪舍、粪沟、路面、漏缝板背面、屋顶、办公室、宿舍、厨房等），用 PCR 检测 ASF 病毒，检测全为阴性，表示清洗消毒工作完成。最后进行白化处理（配制10%的石灰乳+5%的火碱溶液制成碱石灰混悬液对猪舍、栏杆、猪场外路面、墙体及猪场外围500米内的地面白化）。

（10）空置、引进哨兵猪。空置2个月，进哨兵猪前，高锰酸钾和甲醛熏蒸12小时以上，进猪前通风24小时。哨兵猪观察2个月（包括饮水、采食和体温），采样检测 ASFV/PRRSV。注意需要维修和改造的，在完成后需要进行3次彻底的清洗和消毒。生产区办公室清洗消毒同生活区。

（11）生产区内物资的处理。

①饲料、药品和疫苗：生产区内残存的饲料、已经开封的疫苗和药品全部销毁（烧毁或深埋）。

库房储存的药品：使用1：200"海威可"进行浸泡消毒1小时，所有物品必须完全浸泡在消毒水内，浸泡消毒结束后晾干水分，放到干净的房间进行高锰酸钾和甲醛熏蒸消毒12小时以上，到指定隔离定点进行"海威可"浸泡1小时，晾干后熏蒸消毒24小时，封存30天。使用棉签对物品表面迪行采样检测 ASFV/PRRSV。库房储存的疫苗：使用1：200"海威可"进行浸泡消毒30分钟，所有物品必须完全浸泡在"海威可"消毒水内，在此期间，对存放疫苗的冰箱使用"海威可"进行擦拭。使用棉签对物品表面进行采样检测 ASFV/PRRSV。

②物资、器械处理措施：已经在生产区接触过猪或者投入使用的物品全部做销毁处理（如挡猪板、防护服、针头、注射器、赶猪棒、

靴子、拖鞋），以及生产区内难以做到完全清洗消毒的物品全部销毁处理。

仓库物资、器械：未进入生产区的物资、器械且包装完好无损，先使用 1∶200 "海威可"进行浸泡 1 小时，不能浸泡的使用"海威可"擦拭。晾干后使用高锰酸钾和甲醛熏蒸 12 小时以上。到指定地点进行"海威可"浸泡 1 小时，晾干后熏蒸 24 小时，封存隔离 30 天后使用棉签擦拭采样检测 ASFV/PRRSV。

生产区内贵重仪器：采精实验室电子秤、耳号笔、恒温载物台、精液保温箱、数显恒温加热板、水浴锅、显微镜、移液枪、疫苗箱以及其他固定资产如 B 超、电脑、冰柜等物品进行 1∶200 "海威可"擦拭，擦拭后在场区内使用高锰酸钾和甲醛混合物熏蒸 12 小时以上。封存隔离 30 天后使用棉签擦拭采样检测 ASFV/PRRSV 病原。哨兵猪监测期，用抹布擦拭生产区内的贵重仪器，使之与哨兵猪接触，观察哨兵猪的健康状况。

5. 生活区清洗消毒

（1）清扫、冲洗、泡洗、消毒、干燥、检测。生活区要清理掉所有的生活垃圾和场区内的杂草。生活区的道路和室外的土地，全部使用 5% 的火碱进行喷雾消毒，使用 20% 生石灰水 +5% 烧碱进行白化或者铺撒生石灰乳。办公室、宿舍（包括门岗）房屋内所有被子、窗帘、衣服全部清理，只留床、桌椅、空调等。办公室和宿舍内的办公桌、家具全部使用 1∶200 "海威可"进行擦拭，使用"海威可"拖地，再使用 1∶200 溴化二甲基二癸基烃铵消毒 1 遍，最后使用三氯异氰尿酸钠进行熏蒸 24 小时。活动室、厨房和餐厅使用 1∶200 "海威可"进行擦拭，然后使用 1∶200 溴化二甲基二癸基烃铵擦拭 1 遍，最后使用三氯异氰尿酸钠进行熏蒸 24 小时。被褥、窗帘、床单和被罩使用"海威可"浸泡 12 小时后清洗消毒、烘干（60℃，30 分钟以上），臭氧熏蒸 24 小时。路面、道路使用火碱进行消毒，使用 20% 生石灰乳 +5% 烧碱进行白化。

消毒结束后，对活动室、宿舍、厨房、餐厅门口、洗澡间、走廊及场内环境采样检测 ASFV/PRRSV 和金黄色葡萄球菌。个人物资处理，员工带走的衣服、鞋子等物品，在离场前进行浸泡、清洗、烘干（或者晾干）处理，使用臭氧熏蒸消毒 24 小时。手机、电脑等使用酒精固体凝胶擦拭消毒。不能清洗消毒的物品清理干净，使用臭氧熏蒸 24 小时。不带出猪场的物品全部销毁处理。

（2）猪场外围清洗消毒。

①污染的土壤：包括和死动物接触过的及进行强制剖检区域的土壤等潜在被非洲猪瘟病毒污染的地方，均匀洒上大量生石灰乳和火碱，每平方米添加 10 升的水。

②堆尸房：死猪及堆肥所用的木渣全部移走，对堆尸房使用 5% 烧碱消毒，铺撒生石灰乳，处理完成后空置 2 个月。堆尸房使用的木渣提前购买，储存 30 天后方可使用（期间可以采用三氯异氰尿酸钠熏蒸 1~2 次）。

③污水处理区：污水池周边使用 5% 的火碱消毒，污水池周边及道路全部铺撒生石灰乳。

④场内料车、仔猪中转车、无害化处理车辆等：按照洗消中心清洗消毒处理。

6. 动物控制

动物控制与第一次清洗消毒同步进行。

（1）啮齿类动物。第一次清洗消毒时，聘请专业灭鼠公司对猪场实施灭鼠工作。猪场外部围墙、栋舍和栋舍内走廊投放老鼠药和捕鼠器，每隔 5~10 米放置 1 个饵料盒，每 7 天检查 1 次。收集死鼠，做无害化处理。猪场内杂草全部焚烧处理，猪舍周边 1~2 米，料塔附近使用水泥硬化或者铺撒碎石。

（2）猫狗等动物。清除猪场周边的野猫、野狗等。

（3）蚊、蝇。蚊、蝇能在短时间内传带病原体。如果在新的猪群进入前，场内近期还有死亡动物或尸体，蚊、蝇很可能将病原传给新群体，在疾病流行期更应注意防蚊、蝇。在猪舍使用杀虫剂及黏附剂防控蚊蝇；使用纱窗、封闭猪舍。

7. 采样及监测

第二次清洗消毒之后，每个地方抽样检测，评估消毒效果。熏蒸结束后，按照采样方案，采样进行检测，检测不合格的重新进行消毒处理。

8. 空置与哨兵猪进场

栋舍进行消毒检测合格后，空置2个月，进哨兵猪前使用高锰酸钾和甲醛进行熏蒸。

用量：高锰酸钾6.25克／米^3，40%甲醛12.8毫升；计算方法按照长 × 宽 × 高（包括凹凸部分）。

方法：先打湿，使室温保持在27℃左右；每3~4米放置1平底容器；在所有容器内放入高锰酸钾，量取甲醛，从猪舍一端开始迅速倒入甲醛。或先倒入甲醛，再将称量好的、用纸包的高锰酸钾放入容器，这样更安全。如事先在容器内放入1/2到1倍量的水，可使反应缓和，不致使内容物溅出来。

关闭门窗熏蒸12小时以上；进猪前至少通风24小时。

熏蒸消毒结束通风24小时后，哨兵猪进场，监控哨兵猪的体温、采食，为期2个月。产房：每个产房单元按照产床投放5%的猪，每天更换产床。配怀：限位栏按照5%的比例投放，每天更换限位栏。GDU（后备母猪培育舍）：每个大栏放2头。

所有哨兵猪观察2个月，每两周采血1次，五合一检测ASFV／PRRSV。哨兵猪无异常，检测合格，按照生产计划分批次进猪。哨兵猪出现死亡，所有死亡的哨兵猪采样进行荧光定量PCR检测。

（八）猪场常规消毒类型与方法

猪场消毒是杀死病原体、切断传播途径、减少疫病发生、保障猪场安全生产的重要手段。在非洲猪瘟防控中，科学消毒至关重要。

1. 猪场消毒类型

（1）日常消毒（预防性消毒）。日常消毒是指对猪栏、场地、用具和饮水等进行定期消毒，以达到预防传染病的目的，又称预防性消毒。

①人员进入每个区域，须经脚踏消毒桶消毒。桶深至少30厘米，

内置"金保安"溶液，消毒液深度大于 10 厘米，脚踏消毒液时间不少于 15 秒，并宜多次抬压。根据消毒频次、胶鞋是否干净、环境温度等综合因素确定消毒液更换次数，以确保消毒效果。每次更换消毒液时要将消毒桶清洗干净。"金保安"是一种快速作用的消毒剂，且其消毒效力不受硬水和有机物的影响，非常适合人员进入猪舍的脚踩消毒。

②车辆进入每个区域，入口消毒池的池长至少为轮胎周长的 2.2 倍，消毒液"金保安"的深度超过轮胎半径。如果消毒液的深度达不到要求，需要适当增加池长，同时对车辆用"喜泡消"低压喷雾消毒。场外车辆绝对禁止进入生产区。"金保安"的稀释液可在物体表面留存 36 小时以上，从而保证持续彻底的消毒作用。"喜泡消"附着力强、流动性好、渗透力强，受有机物干扰小，消毒效力持久，非常适合对车辆的消毒。

③所有人员进入生产区前必须有效洗澡、更换工作衣帽鞋。外来人员进生活区更衣换鞋，并在消毒间经"海威可"喷雾消毒 1 分钟以上。"海威可"长效缓释，稳定性好，对黏膜刺激性小，非常适用于人员的消毒通道。

④进入场区的所有物品（包括饲料、兽药、生活资料、工具、食品、手机、首饰、书籍等）均经"海威可"喷雾或浸泡或擦拭消毒，持续时间应在 15 分钟以上。

⑤猪群转出之后，空舍分别先后用"喜泡消""金保安"高压冲洗消毒和熏蒸消毒，并经白化、空置；舍内饲槽、饮水器、工用具等用"众垢消"浸泡、刷洗消毒。"众垢消"超强渗透，对各种顽固性污渍效果非常显著，非常适合对各种饲养工具的消毒。

⑥猪场内外环境、饲料间、办公室、食堂、宿舍等生产和生活场所定期用"海威可"喷雾消毒。工作服每天更换后及时用"海威可"浸泡消毒。

⑦注射器及手术器械在使用完后，先用"海威可"溶液浸泡 30 分钟以上，再煮沸或高压消毒，手术和注射部位、断尾等用碘酊消毒，剪齿用"海威可"消毒。

⑧重胎母猪进产房前对全身进行洗刷，用"海威可"擦拭消毒；分娩前后用"海威可"对腹下、会阴部、乳房抹拭消毒。分娩后产床用带有"海威可"的拖把擦拭消毒或用干粉消毒剂消毒。

⑨水线定期用"管消净"洗消，饮用水经"海威可"消毒后被饮用。

⑩排污沟、舍间过道、空地、装猪台等地方先用"喜泡消"进行第一次处理，然后及时清理，并再用"金保安"消毒。

（2）即时消毒（紧急消毒）。紧急消毒是指发生传染病时，为了及时消灭病原体，对病猪集中区域、受污染区域及传播媒介等进行消毒的类型。猪场周边发生疫情或台风、暴雨等突发天气之后，为消除隐患或减轻感染压力，临时性对猪场周边环境及猪场内进行针对性消毒，也属于此类型。

①用"金保安"对空猪舍地面、天花板、柱梁、墙窗、沟道及湿帘、风机等所有设施设备和器械、工用具、车辆等严格、彻底、有效消毒。

②对污水处理场所、污水沟等泼洒生石灰或漂白粉处理。粪便可用生物发酵法进行消毒，污水可用漂白粉消毒。

③对污染的衣物、垃圾、残余饲料、废弃物尽可能烧毁。

④及时对人、猪进行隔离，病死猪严格无害化处理。

⑤在解除隔离后，对疫区进行全面、彻底的大消毒，以杀灭可能残留的病原体。

2. 猪场消毒方法

养猪场内消毒可分为化学消毒法、物理消毒法和生物消毒法三种，其中以化学消毒法使用频率最高。

（1）化学消毒法是指通过化学消毒药将病原体杀灭的方法，有喷洒、气雾、熏蒸、浸泡、擦拭、干撒等手段。临床上常用的化学消毒药种类很多，如酸类（"喜泡消""众垢消"）、碱类（烧碱）、醛类（"金保安"）、醇类（酒精）、氧化剂类（"海威可"）、表面活性剂类（消洁净）等，优质的消毒剂往往是复合型的，除了起主要作用的成分外，还有表面活性剂、长效控释成分、缓冲等。不同消毒剂都有其推荐的使用方法、配制浓度和注意事项，临床上应针对性使用。在选择化学消毒药时应考虑消毒针对性强、对人畜和环境毒性小、不损伤消毒对象、在环境中稳定性好、穿透力强、性价比高和使用方便等因素。

（2）物理消毒法是指从温、湿度等角度出发，干扰破坏病原体的生存的环境，或直接破坏病原体的生物结构，从而使病原体失去活性的方法，有机械力清除、通风干燥、太阳暴晒、紫外线照射、电离辐射、超声波、高压、高温（火焰喷射、煮沸消毒、蒸汽消毒）等手段。

①清洁手段是指通过清扫、洗刷、冲洗、过滤等方法清除和减少猪舍地面、墙壁及猪体表面和皮毛上污染的粪尿、垫草、饲料、尘土、各种废弃物等污物，从而清除其中的病原体。

②通风换气手段是指将猪舍内的污浊空气及病原体排除出去，降低空气中病原体数量，并使水分蒸发，降低湿度，使病原体难以存活。

③高温手段是指通过燃烧、火焰喷射、蒸煮、加热等方法，使病原体发生蛋白变性，从而失去活性。焚烧消毒主要针对残存饲料、粪便、垫料及病猪尸体，火焰消毒主要针对地面、砖墙、金属栏，煮沸消毒主要针对金属、玻璃器械和工作服等耐热、耐湿的物品。

④紫外线照射手段是指用紫外线照射的方法使病原体核酸碱基配对发生错误，从而导致病原体死亡。主要针对工作服、鞋、帽和局部小空间的消毒。

⑤曝晒手段是指通过阳光照射，使病原体蛋白质发生凝固而死亡，是最经济的一种消毒方法，主要用于饲养工具和工作服。

（3）生物消毒法是指特定微生物在一定条件下发酵、生长、繁殖会持续产酸、产热以及营养占用，能对不耐酸、怕热和环境依赖性高的病原体和寄生虫进行抑杀，主要用于猪粪、废弃物、垫料和污物、污水的消毒。此方法过程缓慢，效果不完全可靠，对细菌芽孢一般无杀灭作用。目前，很多猪场通过有益菌或酸制剂对环境、猪舍进行消毒，也属于生物消毒。

（九）非洲猪瘟变异株流行特点与防控理念

非洲猪瘟变异株包括基因缺失株、自然变异株、自然弱毒株等，与传统的流行毒株相比，该类毒株的基因组序列、致病力等发生明显变化（资料来自农业农村部）。生猪感染该类毒株后，排毒滴度低，间歇性排毒，难以早期发现，潜伏期延长，临床表现轻微，后期可出现关节肿胀、皮肤出血型坏死灶，感染母猪产仔性能下降、死淘率增高，出现流产、死胎／木乃伊胎等。

1. 非洲猪瘟变异株的流行特点

非洲猪瘟变异株已成为我国非洲猪瘟防控中新的传染源，已形成一定的扩散面和污染面，其危害不容忽视，加大了我国非洲猪瘟疫情的复杂性。非洲猪瘟变异株具有以下特点。

（1）隐蔽性强。变异株感染潜伏期长，初期无临床表现或临床症状不典型，致死率较低。有的猪场猪群没有任何临床症状，检测却发现 CT 值很低；有的猪场误以为是假阳性，未及时采取有效措施，结果造成病毒扩散，在应激和混合感染等因素诱发下，造成疫情发生。

（2）检测难度大。变异株感染前期病毒滴度较低，感染后产生抗体延迟，因此，更为敏感和更为特异的检测方法才有可能检测到抗原或抗体。有的猪场出现疑似非洲猪瘟的异常现象和感染迹象，但抗原、抗体检测却是阴性的，解剖后能在肺、关节液、扁桃体、脾脏、淋巴结等器官中检测到病原。因此，如果过分相信检测结果，则会贻误最佳处置时机，致使疫情蔓延。由于变异株感染后存在间歇排毒现象，建议全群、多种类样品、多频次采样检测，且不放过对任何临床异常猪只的检测。但过度检测又可能导致交叉污染或扩散，猪场务必保持高度的生物安全意识，人力不足或员工生物安全意识较差的猪场慎重采取全群普查的方法。

（3）依然有传染性。变异株仍然会在猪群中存在和传播。在漫长的潜伏期内，经多次转群、并群等操作，感染源可能遍布多栋猪舍，因此，变异株呈现多点同时发病的特点。

（4）临床表现不典型。临床常表现为采食量下降、体表发红、皮肤坏死、体温正常、淋巴结肿大、肺炎（见图2.23）；母猪产死胎、木乃伊胎，胚胎死亡、不育及流产，初生仔猪活力差，如果存活到生长育肥阶段，会排毒感染其他猪只。显微镜下多器官可见带有梗死和血栓的活

图2.23　育肥猪死亡，死前呼吸困难皮肤发绀

跃坏死和出血区，以及慢性纤维化病变，特别是在淋巴结和肾脏上肉眼可见。

2. 监测方法

农业农村部提出了科学的监测方法。

（1）加强临床巡视。时刻关注猪场各个环节猪只异常情况，一旦发现猪只出现嗜睡、轻触不起、采食量减少、发热、皮肤发红、关节肿胀／坏死，咳喘、腹式呼吸，育肥猪死淘率增高，母猪流产或出现死胎、木乃伊胎等可疑临床表现时，应第一时间采样检测。

（2）改进主动监测。每周对猪群进行病原和抗体检测，在猪群进行疫苗接种、转群、去势、母猪分娩等应激发生后，猪场出现风险暴露或周边猪场出现感染时，进行采样检测。

（3）抽样策略。对可疑猪的同舍和关联舍猪群，采集深部咽拭子和抗凝血，进行病原检测，必要时采集血清进行抗体检测。对可疑猪及临近猪接触的地面、栏杆以及舍内人员接触的物品等，采集环境样品进行病原检测。混检时，混样数量不超过5个；抗体检测不得混样。

（4）样品选择。

①可疑猪样品：深部咽拭子、淋巴结（微创采集）、EDTA或尾根血、口鼻拭子等。口腔拭子对于变异株不太敏感，特别是出现厌食

症状的早期，通过唾液较难检测到变异株的核酸。变异株有时可能不会在血液中存在，血液阴性时可能会在淋巴结、肺、关节液等组织中检测到。由于非洲猪瘟病毒具有巨噬细胞嗜性，而肺脏和骨髓中巨噬细胞丰度较高，因此可通过对异常猪进行肺脏穿刺采样。

②分娩母猪样品：脐带血、胎衣。

③死胎和流产胎儿样品：淋巴结、脾脏等组织样品。

④病死猪：淋巴结、脾脏、骨髓和肺脏等。

（5）检测方法。病原检测方法为（P72/CD2v/MGF360）三重荧光 PCR 方法检测核酸，必要时可测序鉴别；抗体检测方法为间接 ELISA、阻断 ELISA 等方法。

3. 防控思路

（1）对病毒行之有效的生物安全措施同样适用于变异株感染。控制传染源、阻断传播途径、提高机体感染阈值，依然是防控非洲猪瘟不变的真理，关键是各种方法是否正确，各种措施是否做实、做细、做到位。

生物安全依然是主要防控措施。高温、干燥、时间隔离、提高机体屏障功能也是生物安全。拉猪车、无害化处理车、粪污处理车以及与之接触的各种载体依然是防控重点。化学消毒依然很重要，关键是必须评估真正的消毒效果以及对猪的损伤情况。

（2）提高感染阈值在防控变异株感染中尤为重要。通过提升猪群健康度和减少应激发现对于变异株感染的防控更有必要、更有实效、更为关键。降低养殖密度、淘汰易感猪、关注蓝耳病等免疫抑制病的日常监测和防控，是防控变异株感染的基础。在做好生物安全的前提下，采取去除毒素提高肝肾功能（克独先，一种茵栀解毒颗粒）、保护黏膜提高屏障功能（助力强、柠檬康、维酶素）、减少应激增强免疫应答（常安舒、维康灵、元动利）、充裕营养提升健康度、降低密度提高猪福利、去"帮凶"控制 PRRS 等基础病（启利，一种芪板青颗粒）等提高感染阈值的措施非常有必要。猪场应树立以养为主、养重于防、防重于治的疾病防控观，具体是做好温度、湿度、密度、光照度、空气清新度、料水洁净度、营养均衡度等"七度"，满足机体生理需要、福利需要、维持需要、生长需要、繁殖需要、免疫需要、抗病需要等"七需"，达到吃好、喝好、吸好、住好、睡好、玩好、拉好等"七好"，从而真正提升猪群感染阈值。

降低易感动物需要强制死淘，不给弱毒感染宿主的可乘之机。猪场需要从全局出发，不能为了多养猪，让弱仔、病仔进入或留在猪群，这些个体往往是最先被病毒攻克的。除了正常生产过程中要加大死淘力度外，当猪群出现未知的异常时也要加大淘汰比例。同时，猪只密度越大，接触频次越高，病毒扩散速度越快。因此，降低饲养密度也非常重要。

（3）生物发酵饲料对防控变异株感染的理论与实践。生物发酵饲料是在人为控制的条件下，以植物性农副产品为原料，通过微生物的代谢作用，降解部分多糖、蛋白质和脂肪等大分子物质，生成有机酸、小肽等小分子物质，形成适口性好、营养丰富、益生菌含量高的饲料。生物发酵的过程是一个微生物分解的过程。在这个过程中，饲料中的有机物质包括饱和脂肪酸、蛋白质、碳水化合物和核酸甚至霉菌毒素都会发生变化。饱和脂肪酸转化为不饱和脂肪酸，蛋白质转化为更容易吸收小肽、氨基酸，碳水化合物转化为分子量更小的单糖，霉菌毒素被降解。

大量理论研究与临床实践证明，播恩双酸发酵料在护肠道、抗应激、保黏膜、除毒素方面发挥重要作用，在预防非洲猪瘟中显示强大作用。播恩双酸发酵料含有丰富的芽孢杆菌、乳酸菌、酵母菌、丁酸梭菌等发酵菌群，益生菌参与或协同构筑肠黏膜的物理壁垒（肠道屏障）作用，减少致病微生物在肠道的定植和侵入血液以及毒素和抗原的毒害作用，具有或部分具有抗击非洲猪瘟病毒的功能。益生菌在饲料和动物肠胃中持续发酵，帮助消化所有饲料组分，维持肠道菌群的平衡，从而能提高饲料的整体消化吸收率，抑制有害微生物生长；播恩双酸发酵料有机酸含量高，低的 pH 值有利于灭活 ASFV，刺激口鼻黏膜分泌黏液和溶菌酶，竞争抑制 ASFV 和病原微生物，并能有效吸附并中和霉菌毒素、呕吐毒素等有毒有害物质，减少对黏膜的损伤；播恩双酸发酵料中存在丰富的小肽、多种高活性消化酶（蛋白酶、淀粉酶、NSP酶）、免疫多糖、核酸和核苷酸等代谢产物，这些代谢产物能发挥直接或间接的抗应激、抗氧化和免疫调节作用，具有固筑口鼻黏膜生物屏障，增强黏膜免疫水平，阻止病原微生物进入免疫系统，提高机体非特异性免疫力，提高感染阈值；播恩双酸发酵料能诱导产生干扰素，抑制ASFV增殖，阻止ASFV感染，介导细胞免疫应答，提高清除ASFV能力；能促进IL-2、IL-10的分泌，维持免疫稳态，增强体液免疫和sIgA分泌量；能诱导肿瘤坏死因子分泌，活化巨噬细胞、单核细胞和T细胞产生，增强干扰素 γ 抗病毒活性；能活化树突细胞，诱导全身级联免疫反应，增强病毒清除能力，提高免疫力。

　　不同猪场的硬件、软件存在较大差异，防病理念、采用方案也存在较大不同。为有效防控变异株的发生，猪场必须摸清家底，根据本场实际制定个性化、综合防控方案，包括管理方案、营养方案、环控方案、保健方案、免疫方案、驱虫方案、生物安全方案、监测方案、处置方案等，真正做到营养均衡满足、管理精细到位、环境友好舒适、生物安全保障、用药科学规范、监测科学准确、预警处置及时，从而最大限度实现猪场安全生产。

复习思考题

1. 怎样进行口腔拭子采集？
2. 样品选取和采集过程中应注意什么？
3. 什么是精准清除技术？

参考文献

代广军, 苗连叶, 戴秋颖. 规模养猪非洲猪瘟等重大疫病防控技术图谱[M]. 北京: 中国农业出版社, 2020.

丁壮. 猪瘟及其防制[M]. 北京: 金盾出版社, 2011.

黄剑, 李国新, 童光志. 非洲猪瘟的流行病学及疫苗研究新进展[J]. 中国动物传染病学报, 2017, 8: 66-71.

黄律. 非洲猪瘟知识手册[M]. 北京: 中国农业出版社, 2019.

姜平, 郭爱珍, 邵国青, 等. 兽医全攻略. 猪病 [M]. 北京: 中国农业出版社, 2012.

马玉腾, 韩玉莹, 金鑫, 等. 非洲猪瘟疫苗研究进展及其难点和突破点[J]. 中国预防兽医学报, 2021, 2: 219-225.

农业农村部畜牧兽医局, 中国动物卫生与流行病学中心. 非洲猪瘟排查简明手册[M]. 北京: 中国农业出版社, 2018.

仇华吉. 非洲猪瘟大家谈[M]. 北京: 中国农业出版社, 2021.

全国畜牧总站. 生猪养殖与非洲猪瘟生物安全防控技术[M].北京: 中国农业科学技术出版社, 2020.

田克恭, 李明. 动物疫病诊断技术——理论与应用 [M].北京: 中国农业出版社, 2014.

王琴, 涂长春. 猪瘟 [M]. 北京: 中国农业出版社, 2015.

王志亮, 吴晓东, 王君玮. 非洲猪瘟[M]. 北京: 中国农业出版社, 2015.

赵洪进, 王建. 非洲猪瘟防控知识手册[M]. 上海: 上海科学技术出版社, 2019.

中国农业科学院哈尔滨兽医研究所. 动物传染病学 [M]. 北京: 中国农业出版社, 2008.

Beltrán-Alcrudo D, Arias M, Gallardo C, et al. 非洲猪瘟: 发现与诊断–兽医指导手册[M]. 中国动物疫病预防控制中心, 译. 罗马: 联合国粮食及农业组织（FAO）, 2018.

KirklandP D, PotierM F L, FinlaisonD. 猪病学（第11版）[M].李明明, 郭海荣, 译. 北京: 中国农业出版社, 2019.

Zimmerman J J, Karriker L A, Ramirez A, et al. Diseases of Swine（11th edition)[M]. Hoboken, NJ: Wiley-Blackwell, 2019.

后 记

　　本书从筹划到出版历时一年多，在浙江省农业农村厅及有关畜牧兽医部门的大力支持下，经数次修改完善，最终定稿。本书第一主编是金华职业技术学院三级教授，第二主编是浙江省乡村振兴促进中心副主任，副主编是浙江省动物疫病预防控制中心、金华职业技术学院和江西高安六环兽药行等单位专家，均具有丰富的兽医临床实战经验和深厚的理论功底。浙江省畜牧兽医学会专家对书稿进行了仔细审阅，在此表示衷心的感谢！

　　由于编者水平所限，书中难免有不妥之处，敬请广大读者提出宝贵意见，以便进一步修订和完善。